原発事故6年目

現地情報から読み解く

ふるさと福島

佐藤 政男

合同フォレスト

扉写真：田んぼだった場所に置かれた除染後の放射線汚染土・廃棄物を詰めた真っ黒な袋（フレコンバッグ）、飯舘村2015年8月。

はじめに

東京電力によると、廃炉が終わるのは40年後という。この長い先のことはもちろんのこと、現在、復旧・復興はどの段階なのか、何が障害になっているのか、よく分からないという声を、福島県外ばかりでなく県内でも聞くことが多くなった。

その理由の一つに、報道が少なくなったことがあろう。住民の復旧したい気持ちは強い。地元マスコミは、復興を願い、励ましの気持ちも手伝ってさまざまな動きを報道する。復旧が順調に進んでいる印象を与えるかもしれない。実際は、自殺や原発関連死が多いということにみられる、先が見えにくい厳しい実態がある。

福島県民でも詳細をつかめなくなっている。無理もないことだ。汚染水海洋流出など問題が次々に起こり、その都度、政府と東電は「今度は起こらないように万全にする」と言う。しかし間もなく、別の場所で起こることが繰り返されるからである。

言葉の問題もある。政府が「避難指示解除」というと状況が改善し、住民はハッピーかと思ってしまうが、実際は「避難指示解除＝賠償終了」であって、その後の生活の見通しがつかない状況に陥ることを意味している。住民が求める「避難指示解除」と違うようで、ますます先が見えない。全国紙で、「避難者が10万人を切った」と「避難者は事故後5年経っても約10万人いる」というタイトルでは現実を見る目が異なってくる。解決すべき内容を含む県民生活の日々の動きが伝わりにくくなってしまう。

そこで、福島の実像を少しでも伝えたいと書きはじめたのが本書である。私は２０１１年3月11日を徳島で迎えた。原発の専門家ではないが、何かできないかと２０１２年末に福島に戻った。放射線情報が周知されない中で逃げ惑った恐怖感を味わっていない点では、福島以外の人びとと同じ感じ方もある。

どういうわけか原子力発電に関しては、結論が先にあって、後で形だけの理由をつけているように見える。「世界最高の審査基準」といっても、どこが最高なのか説明はない。再稼働について、「福島事故からどのような教訓を得て、その上で、それでも再稼働する」などの言明は聞いたことがない。東京電力福島第一原子力発電所の事故はなかったかのようである。

原発事故の影響は、時間経過につれ様相が変わり、日々起こっていることは、重要であっても事故後の〝ひとこま〟として、時間がすぎると忘れられてしまう。

本書でお伝えしたいことの第一は、日々の動きの中における、原発事故によって必然的に起こること・傾向・性質や住民生活の困難さ、日本の政府や電力会社（東電）の行動の特異さである。

第二に、地元マスコミの報道、全国的な報道や国・東電・県の報告などを見ること、そしてできるだけ現地の人びとの声を聞くことにより、原発事故を理解し、自分たちがやれることを見出せる点である。自分自身の理解のためにも、できるだけ図表を多くした。

第三に、最近の原発再稼働を決める人の「自己責任」の視点である。福島原発を推進し受け入れを決定した政府、県や市町村の要職にあった方々、科学者・技術者の多くは、「事故は絶対起こらない」と説明し、信じさせた。その結果が原発事故であり、県民を苦しめている。政府、自治体要職者や東電がうたい文句にしていた「地域社会の発展」どころではなく、「地域社会の崩壊」をもたらした。要職者個人は、住民や社会に責任を取れなかった。安倍首相は「福島の復興なくして日本の再生なし」と宣言したが、福島で起こっていることを直視し、教訓を得て生かさなければ、「再生」どころか、「事故は起こらない、仮に起こっても早い復興論」が新たにできあがる。

第四に、事故は進行中ということである。何よりも住民やその地域がどう変化しているかをできるだけ私たちが知ることが、復興への道につながるのである。

本書の内容は、新薬学研究者・技術者集団機関紙『新しい薬学をめざして』に2012年12月から連載された「福島のいま」から、2014年10月から2016年11月に掲載されたもので、本書作成にあたり一部加筆修正した。氏名・肩書き・年齢は、連載時のものを使用した。内容の責任は著者にある。

2016年12月

佐藤　政男

もくじ

第2章 原子力発電所爆発から5年の福島の人びと 資料編

第3章 政府と東京電力の体質

第4章 つきない住民の思いと今後の見通し

第5章 福島事故現状から原発再稼働を考える

序章

東京電力福島第一原子力発電所の事故の概要

図表1　福島県、東京電力福島原子力発電所および避難指示地域

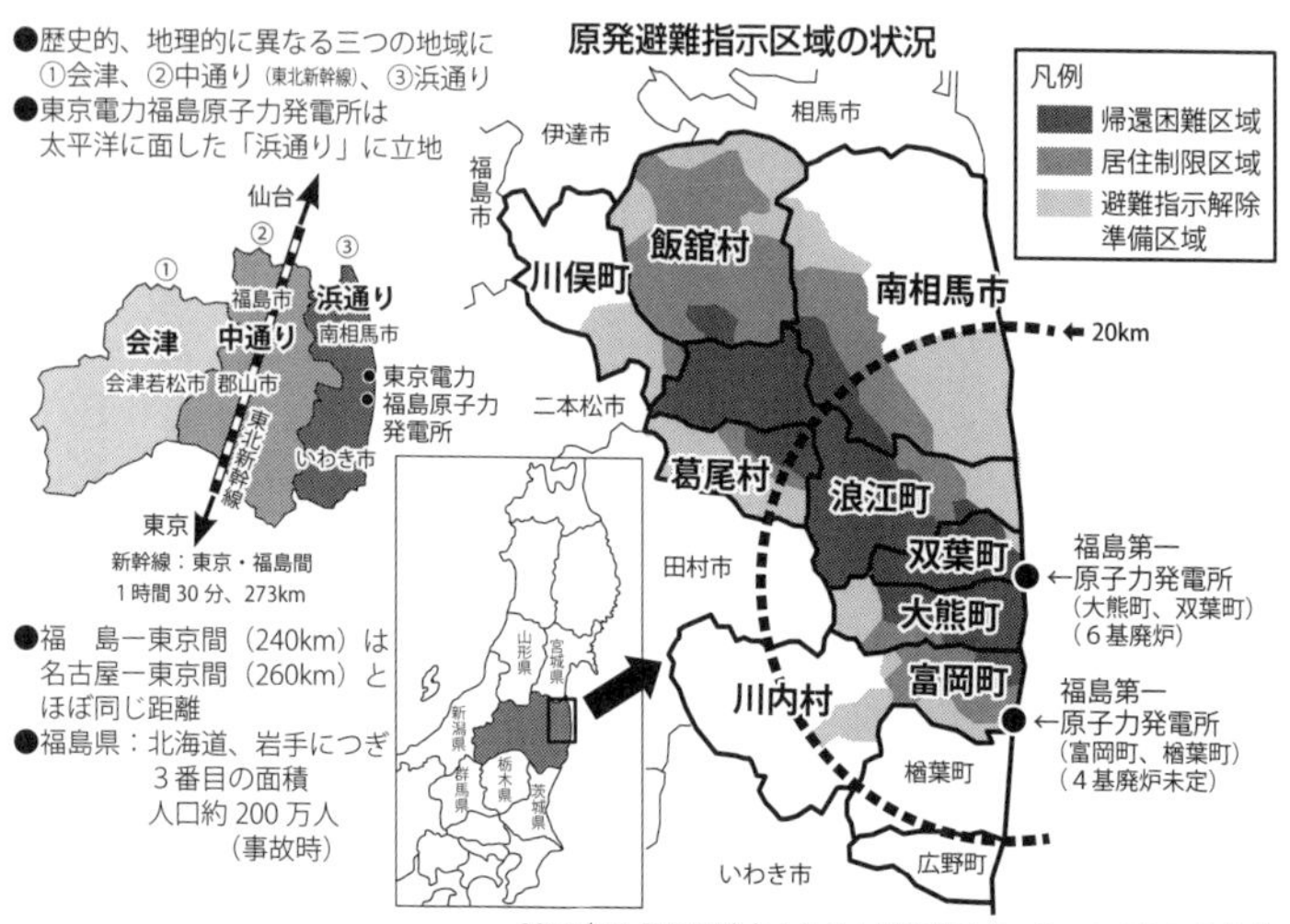

2015年9月5日時点：ふくしま復興ステーションHPから作成。
2016年に南相馬市、葛尾村、川内村の避難指示が解除された（帰還困難区域を除く）。

福島県および避難指示区域

福島県は、北海道、岩手に次ぎ、3番目に大きい面積をもつ。東京電力福島第一原子力発電所がある太平洋に面した〝浜通り〟、東北新幹線が通る〝中通り〟、新潟県との間の〝会津〟の三つに分けられ、気候、風土もかなり異なる（図表1）。福島―東京、名古屋―東京間はほぼ同じ距離である。当時の人口は約202万人だった。

現在、避難指示は3区域：帰還困難地域（濃いグレー）、居住制限区域（グレー）、避難指示解除準備区域（薄いグレー）および、県内大部分の未指示区域（白）に分

けられている（図表1、3）。数度の区域再編があった。

同じ市町村内に異なる避難指示区域があり、自治体行政の混乱や職員の過重負担の原因になっている。

2011年3月12日からはじまった4基の連続爆発

原子炉・建屋爆発は、連続して起こった（図表2）。電源消失、原子炉の冷却水が消失したら手の施しようがない。事故が起こり出したら止められないとは、東電福島第一原発吉田昌郎所長（当時）の言葉である。原発立地の大熊町、双葉町以外の浪江町や南相馬市などに対して避難指示の連絡がまったくなく、テレビで情報を得てからの自主判断による避難は困難を極めたと市町村長は言う。現在の〝避難計画が不十分な状態での再稼働の賛否を考える〟ことについての教訓としたい。

自分の地域の場合は

事故を起こした東電福島第一原発周辺の避難指示地域を含む自治体だけに限った面積では、広い福島県の約10パーセント程度で、これを他県に当てはめると、東京都の68パー

図表２　原子炉・建屋爆発過程

日時	時間	原子炉爆発	地震・避難など
3月11日	午後2時46分		巨大地震発生
	午後7時3分		福島第一、原子力緊急事態宣言発令
	午後9時23分		2町へ避難指示（爆発前）、避難場所は自力で探した
12日	午前7時46分		福島第二、原子力緊急事態宣言発令
	午後3時36分	1号機原子炉建屋水素爆発	
13日			
14日	午前11時01分	3号機原子炉建屋水素爆発	東電：炉心損傷の割合：3号機は約30%、1号機は約55(注：5年後の2016年2月25日に発表した社内基準ではいずれも炉心融解状態)
15日	午前6時20分	2号機爆発	
	午前9時38分	4号機原子炉建屋水素爆発	

図表３　避難指示区域、市町村と対象人数

指定区域	区域指定の内容	市町村
帰還困難区域	●年間被曝線量が50mSvを超える ●5年間を経過後も生活が可能とされる年間20mSvを超える地域 ●少なくても5年間は帰還できない	双葉町、大熊町、浪江町、南相馬市、富岡町、葛尾村 約26,280人
居住制限区域	●年間20mSvを下回るのに数年かかる地域 ●一時帰宅は可能、宿泊はできない	飯舘村、南相馬市、浪江町、大熊町、富岡町、川俣町 約24,620人
避難指示解除準備区域	●年間20ｍSv未満 ●除染、都市基盤復旧、雇用対策などを早急に行い、生活環境が整えば、順次解除する	飯舘村、南相馬市、双葉町、大熊町、楢葉町、富岡町、川俣町、川内村、葛尾村、 約34,620人

福島県HPから作成。楢葉町は2015年9月に解除。避難区域住民数は2013年8月時点。内閣府原子力被災者生活支援チーム資料から計算。2016年に南相馬市、楢葉町、葛尾村、川内村の避難指示が解除された。

図表４　避難者が居住していた市町村の面積と、
仮に同程度事故発生時に避難が必要となる場合の面積と人数

	避難した双葉郡＋飯舘村＋南相馬市*	東京都の場合	大阪府の場合	京都府の場合
面積(平方キロメートル)	1,494	2,191	1,905	4,612
人口	13 万人	1,339 万人	883 万人	261 万人
避難に相当する面積	福島県全体の10.8%	東京都の 68%	大阪府の 74%	京都府の 32%
避難に相当する人口		913 万人	692 万人	85 万人

＊面積は全住民が避難している場合と避難指示区域住民が避難している場合があるが、全面積とした。
さらに自主避難者が加わる。

セント、大阪府の74パーセントの面積に当たる（図表4）。したがって、単純に東京都の９１３万人、大阪では６９２万人が避難するのと同じ規模となる。

原発事故の風・雨・雪による影響

東北地方の冬の風向きは、陸から海側へ向く（西から東）。そのため、原発事故では、放出放射線の約70パーセントが海側へ流れた。

しかし、２０１１年3月15日、21日の風向きは海から陸方向（北北西）だったため、原発から放出された放射性雲（プルーム）（３３０マイクロシーベルト／時間、２８９０ミリシーベルト／年）が上空を流れ、雪、雨により土壌に沈着し、福島や関東の大地を汚染した（図表5）。

放射線汚染の広がりは、原発からの距離だけではなく、風向きと雨や雪によっても影響された。この経験を踏まえることが必要である。

再稼働後後の事故の風向被害度の予測

事故が起こったとき、5キロ圏内だけで避難がすむことはないのは一目瞭然である（図表5）。季節による風向と雨・雪が重要で、事故はいつ起こるか分からない。夏の事故なら、浜岡原発など多くの原発による陸地汚染、冬の事故なら、川内原発、新潟柏崎刈羽原発、大飯原発、敦賀原発、伊方原発などによる予想以上の汚染を受ける可能性がある。

　事故は起こらないとしていたが、実際に起こった事実、自分の周辺にある原発が事故を起こしたときの季節による影響、風向被害度の不明さを覚悟して再稼働問題を考える必要があろう。

図表5　大気中の放射線量（セシウム137）

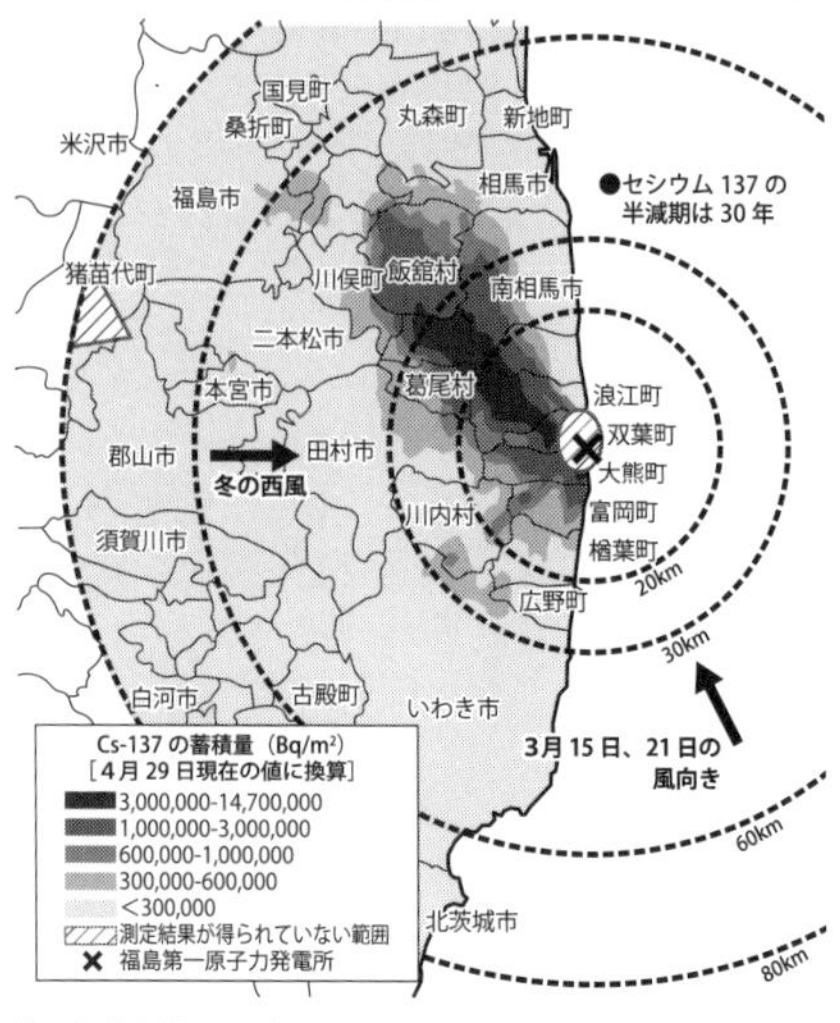

『原発・放射能図解データ』（野口邦和、大月書店、2011）に、『放射能拡散予測システムSPEEDI　なぜ活かされなかったか』（佐藤康雄、東洋書店、2013）をもとに 著者追加。

第1章

人びとの生活と願い

新たな「収束宣言」がもたらすもの

1 生活実態から離れる営業損害賠償打ち切り（2015年3月）

［2014年12月26日］避難指示区域内外で5年経つので賠償打ち切りたい！

年も押し迫った2014年12月26日の地元紙『福島民報』の1面トップ記事は、「農林水産業を除く商工業者の個人事業主に対する、中小企業営業損害賠償を原発事故から5年後の2016（平成28）年2月に終了する」ことのエネルギー庁・東電の素案である。避難指示区域と区域外合わせて59市町村を対象にしている（図表6）。

原発事故では事故を起こした側が被害者への賠償期間と額を決める異様さ

避難指示区域では、避難により営業が困難で収入が減少した分が、避難指示区域外では、観光客減少や販売不振による減収などによる損害が賠償対象になる。この素案は東京電力が独自に決めているわけではなく、経済産業省資源エネルギー庁と相談して決めたものである。原発事故では、「事故を起こした側・加害者が一方的に賠償を打ち切る」ことを示している。他事故と異なりきわめて異常である。

図表6　営業損害賠償終了を伝える福島民報の1面

福島民報

2014（平成26）年
12月26日
金曜日

営業損害賠償 28年2月終了

原発事故から5年 エネ庁、東電が素案

農林水産業除く個人事業主、中小企業

原発賠償

経済産業省資源エネルギー庁と東京電力は二十五日、福島第一原発事故に伴う商工業者らに対する営業損害賠償について、原発事故から五年となる平成二十八年二月分で終了する素案を明らかにした。郡山市で開いた県商工会連合会への賠償に関する説明会で示した。避難区域（旧緊急時避難準備区域を除く）内の十一市町村は来年二月までの四年分の賠償は対象とされていたが、それ以降は未定だった。避難区域外の県内四十八市町村の営業損害の賠償期間は決まっていなかった。出席者からは同庁と東電の打ち切り方針に反発の声が上がった。（23面に関連記事）

説明会は非公開で開かれた。複数の出席者によると、賠償対象は農林水産業者を除く個人事業主や中小企業。避難区域内の事業者に対しては、来年三月以降の逸失利益一年分を賠償するとした。避難区域外では、事業者の減収分と原発事故に相当の因果関係が認められた場合、賠償金が支払われる。

避難区域内の事業者は、避難により営業が困難になったり、避難先で営業を再開しても収入が減ったりした分などが賠償の対象となっている。避難区域外では、観光客の減少に伴う減収など風評による損害が主な賠償対象となっている。

説明会に出席した同連合会の轡田倉治会長は「賠償があと一年余りで打ち切りというのは、到底納得できる内容ではなく怒りを覚えた。各商工会の意見、提案をまとめ、国や東電に要望していきたい」と語った。

県や県内の各団体でつくる県原子力損害対策協議会（会長・内堀雅雄知事）は、営業損害の賠償期間の

（農林水産業を除く）
指示区域
1市町村
緊急時避
備区域を
27年3月
降は未定
避難指示区域外
48市町村
未定
資源エネルギー庁と
東電の素案
市町村いずれも原発事故
5年間で終了
（平成28年2月分まで）

福島民報　2014年12月26日

浪江町は帰還困難地域を抱え、全町民が避難し、まだ帰る条件がいつ整うかすら見えていない。商工会長は「賠償打ち切りは現実とかけ離れている」と反発している（福島民報2014年12月26日）。実施されれば、古里に戻れる前に賠償支払いが終わってしまうので、帰還前および帰還後の生活再建などとてもできない。ある温泉旅館は、客室の四分の一を、除染作業者の宿泊を受け入れてやりくりしているという。また、会津地域の風評被害による宿泊客減少は、あと1年ではなくならないだろうという。説明会は非公開で、しかも商工業者のみに行い、まるで、農業、酪

農や林業などの賠償打ち切りの先例をつくりたいのかと思うほどだ。紙上では「最後まで責任取って」の声があることを伝えている。

【2015年3月4日】営業損害賠償終了素案の猛反発によりひとまず撤回

「個人事業主、原発事故による中小企業営業損害の賠償を避難区域外で2015年2月終了、避難区域で2016年2月終了」とする素案は、福島県内でオール福島といわれる人びと・商工団体・JA・行政などの猛反発を受け、ひとまず撤回された。

しかし、代案を出す予定であり、賠償打ち切りの意向は変えていない。「県内商工業者ら安堵　いつ打ち切り？　不安残る」（福島民友、2015年3月4日）状態だ。自分がどこで商売を再開すべきか見通しがつかない中で、あるいは実際に再開商工業者は原発事故前に比べて、除染・インフラ復旧に関わる建設業を除けば再開率は半分以下（河北新報、2015年2月17日）であるにもかかわらず賠償打ち切りを打ち出してきた。こうした動きのもとになっている政府の考え方や復興の現状をまとめてみる。

まず第一に、「賠償だけでは、復興は進まない。自立を目指すことが必要だ」という論

図表７　商工業の実態を認めさせた結果

福島民報

2015（平成27）年
3月4日
水曜日

発行所
福島民報社

営業損害賠償の延長検討

東電、国　業界団体の反発受け

東京電力と国は、東電福島第一原発事故で被害を受けた商工業者らに支払う営業損害賠償を平成二十八年二月分で終了するとした素案を見直し、期間延長を検討する。東電が三日の定例記者会見で、初めて見直す方針を示した。東電は改定案の提示を急ぐ意向。ただ、素案が宙に浮く中、避難区域内の商工業者に対する現行の賠償期間が今年二月末で終了しており、当面はつなぎ資金の支払いなど暫定策で事業者の経営を支える考えだ。

（29面に関連記事）

発が相次いでいた。自民党復興加速化本部も素案の再考を求めていた。

県内の関係団体で構成する県原子力損害対策協議会（会長・内堀雅雄知事）は二月四日、

月内に暫定策決定

原発賠償

東電の担当者は県庁で開いた会見で「県や関係者の要望を真摯（しんし）に受け止めた」と素案見直しに着手した理由を説明した。その上で「（賠償の）継続も選択肢」と語った。

避難区域内の事業者を対象に、三月以降の新たな賠償期間が設定されるまで実施する暫定策は今月中に決定する。一方、避難区域外で風評被害を受けた事業者に対する営業損害賠償には、これまでも終了時期が示されていなかったため、賠償期限が設けられるまでは支払いを継続する。

宮沢洋一経済産業相も同日の閣議後記者会見で、営業損害賠償の終了時期について「話し合いを続けているところだ」と述べ、賠償期間の延長も含めて検討中と説明した。賠償を継続するかどうかは明言を避けた。

素案に対し、県内の業界団体などからは「帰還が見通せない中での賠償打ち切りは納得できない」「風評は続いている」などと反

福島民報　2015年3月4日

を強めている。つまり、賠償するといつまでもそれに頼って自立心が育たない。だから、「賠償終了」とし、自立心をもってもらおうというのだ。実際、「集中復興期間（２０１５年度まで）を延長せず、16～20年度の５年間を後期復興期間（仮称）とし、６兆円前後を追加投入する財務計画素案は「事業を絞り込む姿勢をにじませる」「被災者の視点に立った検討が必要」（福島民報、２０１５年3月8日）などと具体化が見えはじめた。当然のことながら、業者のみなさんは「自立」を望んでいるが、状況を打開する道・

具体的施策がなければ自立はできない。

第二に、賠償は、（加害者側の）国と東電が決める立場を貫いている。

第三に、帰還を目指すにしても、「全員が帰還することはない。故郷に帰還する人、周囲の市町村に住み生活し時々帰る人、帰らないと決めた人、特に、若い人びとは帰還しないという前提」で計画をつくっている。異なる状況にある人への賠償・支援が必要だ。

第四に、賠償を打ち切ることができるとしている。

これらの四点は、国・東電側の意図として姿を現してきたようだ。営業損害に対して打ち切りを出してきたが、今後、精神的賠償や生活支援に及ぶことが懸念される。

実際に生業（なりわい）をもって生活ができるかどうかが大切である。多くの被災者にとって、「近い未来、遠い未来の自分の生活をイメージすらできない中でも、現状を一歩でも前に進めることができる」のか、あるいは、「復興、自立を目指してという名目で、現実と合わない方向に進められ実施されてしまう」かの分岐点だからである。

2 新たな「収束宣言」か――福島復興の分かれ道――（2015年7月）

復興指針改定

2015年6月7日、九州電力川内原発（鹿児島県薩摩川内市）の再稼働に反対する「ストップ再稼働！3万人大集会」が福岡市中央区の舞鶴公園であった。九電が8月の再稼働を目指す中、全国から約1万5000人が集まり、約3キロ離れた九州電力福岡本店まで、過去最大規模のデモ行進を実施した（毎日新聞、2015年6月8日）。運動の高まりは国民に懸念や反対が多いことを示している。

全国的には、多くの方が〝福島はどうなっているか〟と心配する。しかし、報道が以前より少ない状況では、〝福島は大変だが復旧はそれなりに進んでいるだろう〟と思い、何が主な問題になっているか分かりにくい状況だ。一種の風化が進んでいるともいえる。

社会的関心の低下があるとみているのだろうか。また、復旧が進まない状況をみて、2015年5月29日に自民党・公明党から「東日本大震災　復興加速化のための第5次提言」が出された。この提言を受ける形をとって、6月12日に復興指針改定を閣議決定した。

復興指針改定の目的は避難指示解除と賠償終了の実施である

改定復興指針には、「避難指示解除等の着実な実施」の項があり、「復興加速の環境整備、長期避難の弊害解消等をはかるため」とある。その具体的内容は、「事故から6年を超えて避難指示の継続が見込まれる避難指示解除準備区域・居住制限区域については、各市町村の復興計画も踏まえ遅くとも、事故から6年（2017年3月）までに避難指示を解除し、住民の避難を解除していけるように…する」とある。

さらに、精神的損害賠償は避難指示解除から1年後の2018年3月までで打ち切ること、商工業者に対する営業損害と風評被害に対する賠償は、2017年7月までとしている（図表8）。

国が避難指示を解除したい避難指示解除準備区域・居住制限区域の人口は約5万5000人である。それぞれの自治体内に帰還困難区域や指定のない区域が含まれ複雑だ。

また、帰還困難区域の解除は未定で、国が責任をもつ除染計画すらも未定だ。双葉町、大熊町、浪江町、富岡町、葛尾村で人口は約2万4400人である。

図表８　避難指示区域別による賠償の種類と打ち切り期限

指示区域	賠償の種類	賠償内容	期限	対象者
帰還困難	避難慰謝料 帰還不能・生活断念加算	月 10 万（一括可） 700 万		2.5 万人
	財物（建物・家財等）	土地・建物：帰還困難 100%		
	就労不能損害	勤務地が避難指示区域内の場合に適用	2015 年 2 月打ち切り	
	営業損害（出荷制限・風評被害・輸出被害）	2015 年 8 月以降の損害：減収率 100%の年間逸失利益の 2 倍を一括払い	2017 年 7 月まで；原則打ち切り	
居住制限	避難慰謝料	月 10 万	2018 年 3 月まで	2.3 万人
	財物（建物・家財等）	土地・建物：居住制限区域は 75%		
	就労不能損害	勤務地が避難指示区域内の場合に適用	2015 年 2 月打ち切り	
	営業損害（出荷制限・風評被害・輸出被害）	2015 年 8 月以降の損害：減収率 100%の年間逸失利益の 2 倍を一括払い	2017 年 7 月まで；原則打ち切り	
避難指示解除準備	避難慰謝料	月 10 万	2018 年 3 月まで	3.3 万人
	財物（建物・家財等）	土地・建物：避難指示解除準備は 75%		
	就労不能損害	勤務地が避難指示区域内の場合に適用	2015 年 2 月打ち切り	
	営業損害（出荷制限・風評被害・輸出被害）	2015 年 8 月以降の損害：減収率 100%の年間逸失利益の 2 倍を一括払い	2017 年 7 月まで；原則打ち切り	
帰還不能・生活断念加算は、大熊町、双葉町の居住制限、避難指示解除準備地域の場合加算				

自主的避難対象地域

指示区域	賠償の種類	賠償内容	期限	対象者
県北、県中、相双（福島市、郡山市、相馬市等）の避難指示区域以外	精神的賠償	事故直後一人 8 万円 (3 月 11 日～4 月 22 日分として)、追加 4 万円) 子どもと妊婦 40 万円 (避難者 60 万円)(3 月 11 日～ 12 月 29 日分)		143.5 万人
	営業損害	平成 27 年 8 月以降、事故との相当因果関係が認められる減収相当分として、減収に基づく年間逸失利益の 2 倍を一括払い	2017 年 7 月まで；原則打ち切り	商工業者・農・漁業者など
	就労不能損害	勤務地が避難指区域内	2015 年 2 月打ち切り	

その他の地域

指示区域	賠償の種類	賠償内容	期限	対象者
なし	精神的賠償	なし		143.5 万人
	営業損害	平成 27 年 8 月以降、事故との相当因果関係が認められる減収相当分として、減収に基づく年間逸失利益の 2 倍を一括払い	2017 年 7 月まで；原則打ち切り	商工業者・農・漁業者など
	就労不能損害	勤務地が避難指区域内	2015 年 2 月打ち切り	

原発避難白書【関西学院大災害復興制度研究会など、2015】、東京電力 HP などから作成。

東電と国の改定案では、最初に予定した「賠償期間」を2015年2月までとした案より、2年間延ばしただけで、避難区域解除の時期に関係なく2年間として、いつでも解除しやすくした。風評被害とあるのは、観光地への旅行者減少などの影響を受けている県内全域の商工業者が対象である。

複雑な、分断を引き起こす賠償の種類

賠償の仕方は複雑である。まず、避難指示区域内の区別、避難指示の有無などによって、賠償の種類や額が大きく異なる。避難区域は市町村単位でなく、地域、部落、道路をへだてて指示され、場合によって家屋・世帯等々により異なり、そのことが人びとに分断を引き起こす。

[避難指示区域＋非避難指示区域] における問題

避難区域を含む事業所は約3万8000カ所。約5900事業所のみ賠償合意。避難区域外の商工業者の営業損害の実態に見合った賠償金が支給されていない（河北新報、2016年1月20日）。

図表9　政府による復興予算と東京電力による損害賠償および法的根拠

使用項目	方法	法律
1）政府による復興予算	各県・復興庁等を通じて	原子力損害の賠償に関する法律（原賠法）
2）損害賠償	2）-1　東京電力に直接請求 2）-2　原子力損害賠償紛争解決センターでADRの申し立て	原子力損害の賠償に関する法律
3）裁判所に提訴	ADRの不成立時や責任明確化のためなど	
4）自主避難者	各県を通じて	災害救助法（子ども支援法）

備考：賠償額が1,200億円を超えるときは、賠償の財源を確保するよう、政府により設置された原子力損害賠償支援機構が、東京電力に資金提供する。

賠償の種類・申請が複雑で、直接交渉は困難、原子力損害賠償支援機構にＡＤＲを申し立てるが、仲裁に入って出した和解案を東電が拒否などの報道が多数ある。

東京電力の損害賠償だけの総額の見積もりは７兆７５３億円。

国から東電への支援金９兆円をいつまで返すのか会計検査院が試算、回収まで18～30年後（ＮＨＫ、２０１５年3月23日）。

復旧・復興のための予算と賠償

復旧・復興のための予算と賠償の仕組みは複雑で、避難者・住民が賠償を求める場合には分かりにくい。次の4項が同時に進行している（図表9）。

①東北大震災のための国による復興予算は２０１１～２０１５年で約25兆円。岩手、宮城、福島各県等

にあてられた。被災者の住宅再建や町づくり費用として、被災自治体に配分した交付金などが含まれる。
②そのうち9・7兆円は復興税で集め、2016～2020年度では6・5兆円である。
③これまで、全額国庫負担としてきたが、項目によって被災自治体からの負担を求めるという（時事通信、2015年6月6日）。
④原子力事故による被害者の救済等に対しては、「原子力損害の賠償に関する法律」（原賠法）に基づく原子力損害賠償制度が設けられている。

新たな復興指針は収束宣言予告

改定復興指針によれば、2016年までに、二つの避難指示区域指示の解除を前提に、期限を決めて賠償を終了させることを目指すものであり、「原発事故影響の収束宣言予告というべきもの」である。避難者や事業者の生活、生業が復旧していくか、苦難な道となるかの分岐点となるであろう。影響はいろいろな形で表面化すると思われるが、ここでは改訂の背景や避難者や事業者の現況を紹介する。

避難高齢者が畑を失い、仮設住宅でひとりで生活しているケースも多い。4万円の年金と賠償金10万円で生活しているが、避難指示解除になると年金4万円の生活となる例もある。厳しい生活になることが憂慮される。

期限までに除染は進むのか

「本当に帰還できるほど除染が進むのか」との不安の声が多い。帰還が進むとは言い切れないのが現状だ。金沢文隆さん（58歳）は、浪江町の居住制限区域から家族で避難してきた。「本当に2017年3月までに避難指示が解除されるのか」と首をかしげる。

浪江町の除染計画は、帰還困難区域を除いて2017年3月までに完了としている。しかし、その計画は当初予定から3年遅れている。「解除時期や慰謝料の終了時期を決めたのは、東電の金銭的負担を減らしたいだけではないのか」と不信感を募らせる（毎日新聞、2015年5月21日）。

住民の帰還は進むのか

楢葉町から避難し、仮設住宅でひとり暮らしの松本美代子さん（84歳）は「帰れない理由は金だけではない」とため息を漏らす。一日も早く古里に帰りたいが自宅は震災で壊れた。建て替えが必要なのに、復興工事が集中し職人不足で着工の見通しは立たない。「近所の人たちも一緒に帰らないと、足腰の悪い私だけでは生活できない」と訴える（毎日新聞、2015年5月21日）。

強引に「避難指示を解除すれば、決意して帰るだろう」という見通しだろうか。富岡町の宮本皓一町長も「自治体の置かれた状況は、それぞれ異なる。十把ひとからげのようで、町としては理解に苦しむ」と首をかしげたという（河北新報、2015年5月22日）。

避難区域外であり、すでに精神的賠償が打ち切られた広野町の遠藤智町長は「このままでは自治体間の分断、格差が激しくなる。町民への支援が必要だ」と配慮を求めた（河北新報、2015年5月22日）。

原子力損害対策協議会開催される

福島県原子力損害対策協議会とは、原子力損害の的確な賠償が迅速になされるよう設置したものであり、国や東京電力への要望、要求活動を行っている。協議会は、各市町村や農林水産業、商工業、保健医療福祉関係等の206団体から構成されている（福島県ホームページ）。すなわち、県民各層をすべて含む組織であり、会長は内堀雅雄福島県知事である。なかなか開催されないようである。

第5次提案があり、内容の深刻さから各団体から開催要望が出された。2015年6月7日に、県原子力損害対策協議会全体会が福島市で開かれた。

双葉地方町村会長の馬場有（たもつ）浪江町長は「損害賠償の具体的な期間が示されることで、その後の実情に応じた丁寧な賠償ができなくなるのではないか」と危機感を示し、「目標ありきの避難指示解除や賠償打ち切りだけは、絶対にあってはならない」と注文を付けた（福島民友新聞、2015年6月8日）。

復興予算を減額し、地元自治体の負担に

国は2015年までの集中復興期間終了を機に、2016年度4月以降、5年間の復興事業費の一部を地元自治体が負担することにした。「被災地の自立」がその理由である。福島県でも、5年間で410億円になるという（福島民報、2015年6月4日）。地元自治体では、反発の声が広がり、引き続き国の全額負担を求めている。

「国が全額負担する原発由来の事業の範囲が示されず、復興に与える影響は不透明である」としている（福島民報、2015年6月11日）。

新たな収束宣言か福島復興の分かれ道

現在の福島は六つの事象が同時進行し、国・東電と県民の間で綱引きが行われている。第一に、事故後5年を機に避難指示解除準備区域と居住制限区域の指示解除を「住民との合意」なく行う。国の解除要件の「住民との十分な協議」は不十分である。第二に、ほとんどすべての商工業者に対する営業賠償終了と避難住民への賠償打ち切り。第三に、未避難指示区域からの自主避難者への住居提供の終了。第四に、復興予算そのものを削り、被災自治体からも予算支出を求め、自治体とも矛盾が深まっている。第五に、福島原発震災は早く終了形にして、原発再稼働の推進を急いでいる。第六に、福島県人には、ある程度の復興支援はするが、「自立が必要」とし、不十分な状態への諦めや自らの決断の必要性を意識させようとしている。

避難者をはじめ住民は、真の復旧・復興が一刻も早く進むことを何よりも望んでいる。実態としては、東電福島第一原発の事故原因の本格的究明がないまま、事故終息の見通しも立たず、原発事故廃棄物の処分も決まらず、廃炉事業は予定より大幅に遅れている。

進行している事象は県民全体に及び、いわば原発事故の過酷な影響を受けた人びとへの「収束宣言」ともいうべきものになっている。残念なことに、本来関係のない「オリンピックまでに国際公約の原発影響を克服した状況を、形だけでもつくりたい」のだろうか。しかし、避難者、住民や地域を犠牲にすることは許されない。

3 避難している人びとの願い（2014年11月）

避難している人びとの願いはどんなことだろうか。福島県調査から、何が復旧・復興を進める糸口になるか考察する。

真正面から向き合わずに原発事故は解決できるのか

原発事故は、
①原子力発電基および建屋の破壊、膨大な量の放射線の汚染水をもたらす。
②住む人びとの生活破壊、地域社会全体の破壊をもたらす。

そのため、事故解決は上記2点の内容をいかに早く、丁寧に復旧・復興していくかが課題となる。しかし、現状は

①事故を起こした原子炉に関して、汚染水処理の見通しがつかない。国費400億円弱をかけてつくる予定の原発基建屋周辺の凍土壁工事も危ぶまれている。予期せぬ部位から汚染水が海洋流出していることもしばしばある。

②そこに住む人びとの生活に関して、復旧は高放射能に阻まれて進展が遅く、自治体は不確定要素が多く復興計画作成が困難との報道がなされている。

政府や自民党は、原発の再稼働や輸出を意図する中で、原発事故をどのように解決するか見通しを立てられず、原発事故を話題にしたくない。2014年10月末の知事選挙に向け、福島県の地方自民党は候補者を決め発表し、選挙事務所を開いた。しかし、政府・自民党本部は候補者を強引に辞退させ、これまで自民党が批判してきた現知事の後継者候補を支援している。読売新聞は「自民本部、敗北回避を優先」と評し(2014年9月10日付)、はからずも復興内容は二の次であることを示した。

県民は現状をどう打開するのか知りたいし、「震災前の生活に戻してほしい」との願いが強い。政府・自民党本部は、その願いに応えるための政策より、〝選挙に勝った形〟を

目的とした。

何といっても②の住民の日常生活、健康が良好になることが必須であり、改めてその現状と課題を知っておきたい。

福島県が避難者の生活を調査した

福島県生活環境部避難者支援課は、「避難者の現在の生活状況や支援ニーズを把握し、今後の支援施策の充実につなげる」目的で、避難者がどのような思いで生活しているか記名式アンケート調査し、福島県避難者意向調査（応急仮設住宅入居実態調査）報告書として２０１４年３月に公表した。事故が避難者にどんな影響を及ぼしているか、何が脱却する糸口につながるのか考えたいと思う。

調査期間は２０１４年１月22日～２月６日、回答数は２万６８０世帯で、そのうち避難指示区域は１万６９６５世帯、避難指示区域以外が３６８３世帯である。なお、２０１６年２月でアンケート実施後２年経過し数値に多少変動があるが、基本的状況は変わっていない。

図表 10　被災当時同居家族の避難後の分散居住状況

居住カ所数	世帯数（%）
1	44.7
2	33.3
3	12.1
4	2.9
5 以上	0.6
無回答	6.4

半数の家族は数カ所に分かれて生活せざるを得ない

震災当時に同居していた家族が、「現在は複数カ所に住んでいる世帯」は合計約49パーセントで、「世帯でまとまって1カ所に住んでいる（ひとり暮らしを含む）」世帯は約45パーセントである。半数の家族がバラバラで生活している状況を示している。

詳しく見ると、3カ所以上に住んでいる世帯も約15パーセントある。その要因は、子どもへの健康影響を避け、仕事を得るためや仮設住宅が狭いため、分かれて避難する。また、若い人びとが帰還を諦めて他自治体に居住するなどが考えられる。

2～5カ所と分散して住居を構えることは、家族が協力しあって、避難生活で起こるさまざまな困難を取り除いていくには経済的負担が大きく、子育て・教育面にも大きな障害・困難をもたらすと思われる。

避難先へ住民票を移していない世帯は、4分の3以上（約77パーセント）にもなる。県内避難者で、避難先自治体へ住民票を移しているのは約7パーセントのみで、社会生活を複雑にしている。

たとえば、避難者は元の市町村を離れている。住民票などの書類を得たいとき、役所も別の市町村に避難し仮役所としているし、避難者が現在住んでいる市町村と仮役所が同一市町村とは限らない。避難地は福島県内が多いが、ほか46都道府県にわたる（図表20）。

また、避難先自治体の一部住民から、避難者から税金を得ていないのに自治体サービスを供給することへの反発もあったと聞くが、これは間違いで、国から自治体へ人数に応じて費用が支払われている。借り上げ住宅に住んでいる場合、「補償金を貰っている」ことへ嫌味を言われるので「自分が避難者」と言わないということも耳にする。これらのことから、住まいの再建と暮らしの再生のため、もとの町と避難地へ二重に住民登録する「仮の町」が提案されている（今井照、『自治体再建』、筑摩書房、２０１４）。

荒れている家屋

被災当時、避難指示区域内の持ち家に居住していた場合、住居の損傷や劣化状況は、

①地震の影響で家の中は物が倒れている。

図表 11　住居の損傷や劣化状況の割合

被　害　項　目	%
避難期間中にネズミの被害がある	56
避難期間中にカビが多く発生している	56
避難期間中に雨漏りの形跡がある	37
避難期間中に（ネズミ以外の）動物が侵入した跡がある	27
地震や津波の影響による大きな損壊等がある（被災を受けたまま）	19
特に大きな損傷などはない	12
すでに取り壊して、家はない	7
すでに再建し、現在損傷などはない	3

回答者 16,048 人、複数回答あり、内容不祥だがその他は 13%。

②家財が散乱している。
③一部壊れている。場合がある。空き巣に入られたりすることもある。

帰還困難区域と異なり、居住制限区域は「年間20ミリシーベルトを下回るまでに数年かかる地域で、宿泊はできないが一時帰宅は可能」である（図表3）。帰ってみたがあまりのひどさに呆然としたものの、気を取り直して避難先から自宅に通い片づけをしている人も多いという。

先日（2014年9月）、避難されている方が入場許可証を携えて居住制限区域内の農家である自宅を案内してくれた。廊下には家を清掃後のごみの詰まったビニール袋が並んでいた。市町村合併した旧隣町にある焼却場は、この区域からのごみ類の搬入・焼却を受け入れないからである。焼却場の放射能捕捉フィルターの有無や処理能力が理由なのだろうか。庭には、イノシシの足跡が残されていた。原発事故避難者が普通に生活しようとしても、予期せぬさまざまなことに遭遇する。

避難後の同居家族の健康状況

心身の健康度に関する質問では、避難してから心身の不調を訴えるようになった同居家族が「いる世帯」は67・5パーセント、「いない世帯」は27・5パーセントとなっている（図表12）。

さらに、「いる世帯」は避難指示区域では70パーセント、避難指示区域以外の家族では55パーセントで、報告書は「避難指示区域以外からの避難世帯と比べて、避難指示区域からの避難世帯は、避難後に心身の不調を訴える家族がいる割合が高い」としている。避難指示区域の人びとの生活の厳しさを示している。いずれも避難生活長期化の結果であるのは明らかである。避難指示区域からの避難世帯は、避難指示区域以外からの避難世帯と比べ「楽しめなくなった」、「よく眠れない」が10パーセント以上高く、強いストレス負荷状態にあり、「結果として持病が悪化した」世帯が多い。

このような状況下で、不幸な原発事故関連死が1777人（福島民報、2014年10月6日現在）発生した。事故直後の避難者は、自主避難者を含めて16万人を超えていた。16万人

図表12　避難家族内で心身不調者がいる割合

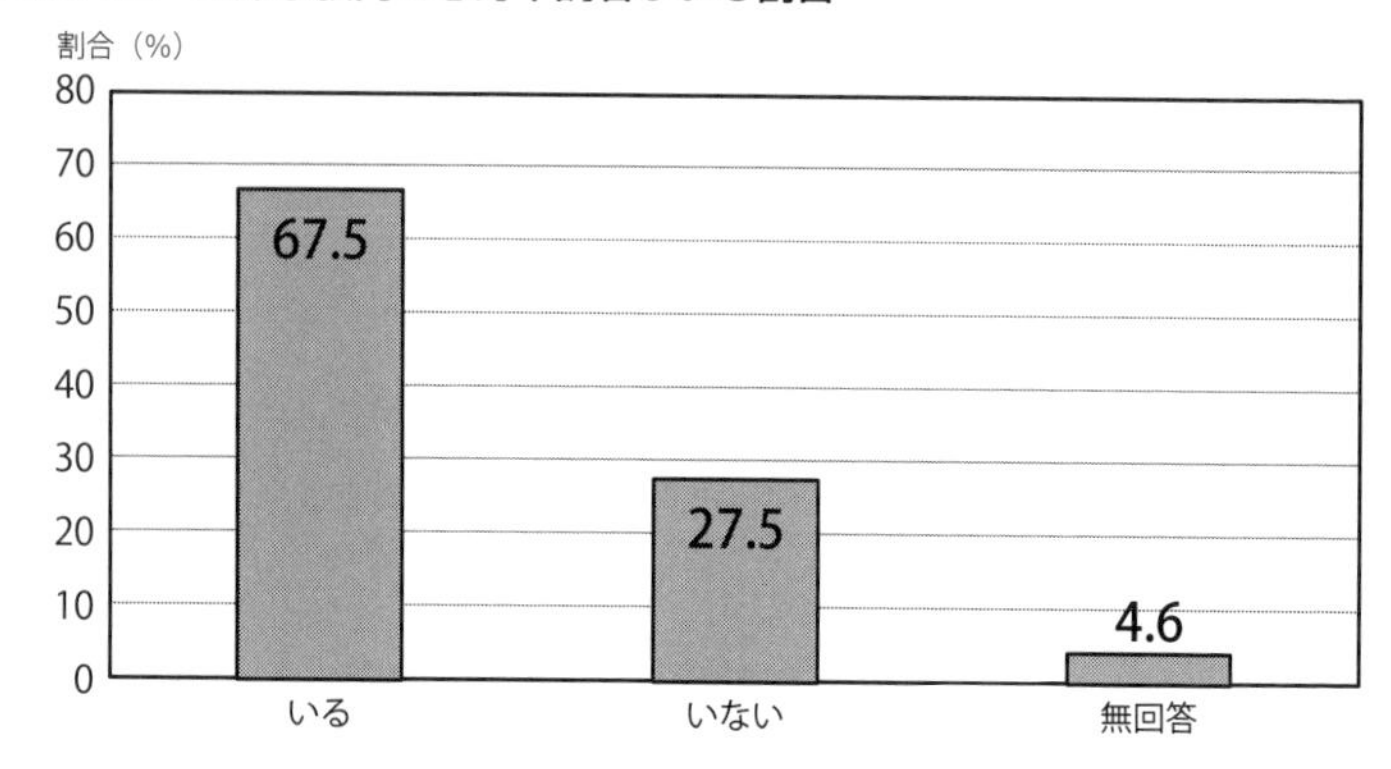

図表13　体調不良を訴える人の内容と割合

体調不良の内容	割合（%）
何事も以前より楽しめなくなった	57
よく眠れない	57
イライラする	48
憂うつで気分が沈みがち	47
疲れやすくなった	47
孤独を感じる	42
持病が悪化した	35
飲酒や喫煙の量が増えた	23
食欲がない	12

の避難者のうち約1パーセントの方が無念の原発事故関連死に至ったことを示している（図表23、37）。

どこに住んだらよいのか、いつから住めるか

現在困っていることでは、「住まい」（63パーセント）、「自分や家族の健康」（63パーセント）に対する不安が多く挙げられた。自宅があっても、どこに、いつから住めるか分からないまま4年近くなる。不本意な選択を強いられているうちに、健康状態が悪化したことを反映している。次いで「生活資金」「放射線の影響」がいずれも40パーセントを超えた。

県外への避難世帯では、県内への避難世帯に比べて、生活資金、仕事、避難元の情報、教育、子育てについて、不安を抱き、困っている世帯の割合が高い。

もとの市町村に戻る条件

現在の避難先市区町村（福島県外）に定住したい人は避難元市町村に戻る条件をどのように考えているのだろうか。避難指示区域、指示区域以外からの避難世帯ともに「放射線の影響や不安が少なくなる」（41パーセント）が最も多く、「原子力発電所事故の今後の不安がなくなる」（32パーセント）、「地域の除染が終了する」（27パーセント）も含めると、当然だが、放射線汚染による影響が大きい。

放射線の不安を日常的に切実に感じて生活せざるを得ないのが原発事故の現地である。その後の考えに、濃淡があり、分かれるように思う。たとえば、避難者の不自由な生活を思い、「除染はお金がかかる割に効果が少ないから除染と生活を諦めほかに移住したほう

図表14　必要とする支援と情報提供

必要な支援内容	%
生活資金に関して	39
避難先での生活	31
健康や福祉	30
転居に関して	29
住宅再建	23
子育て	23
就学・進学	20
就職	19
介護	11

必要な支援内容（情報）	%
東京電力の損害賠償情報	37
放射線の正しい知識	31
農作物の安全情報	27
除染状況情報	25

がよい」と言い切る考えが現地以外の方にあるが、多くの県民は「子どもを含めて安全・安心して生活するには、もっと新知見の除染技術も入れながら早く除染してほしい」と考えるように思う。

帰還や生活再建のために必要な支援内容

避難者が希望する帰還や生活再建のために必要な支援は（図表14）、「生活資金に関して」がもっとも多い。「東京電力の損害賠償に関する情報提供」とともに、生活再建をどのようにするか生業の復旧が大きな問題であることが分かる。年代が若くなればなるほど、問題が大きくのしかかってくる。どこに住んで「安心して子育て・教育」をするか、それを支える仕事、住むべき住居はあるか等々は、その後の人生を決める。後戻りできない選択が迫られている。

現在の生活への支援も要望が大きい。福島県内の仮設住宅

（1万6800戸）や民間賃貸住宅を行政が借り上げる「みなし仮設住宅」等の入居世帯は、全体の73パーセントである。その40パーセントの世帯が「仮設入居期間の延長」を強く要望している。

東電は自分たちもむしろ被害者であるかのように

「必要な支援内容（情報）＝行政からのほしい情報」と「必要な支援内容」の共通点は「東電の損害賠償」だった。賠償が進まず、今後の生活設計が立てられないことによるためだと思う。新生活の具体化には「東電の損害賠償」の詳しい情報がほしいのである。その根底に東電が、〝まるで当事者でないような、国の方針に沿ってやってきた自分たちもむしろ被害者であるかのようにふるまう損害賠償への姿勢〟、〝どちらが被害者でどちらが加害者か分からない、答えもマニュアル化されていること〟に、多くの住民が怒っていることがある。

国・東電および福島県は市民の声を十分くみ取って

住民意向調査には意見記入欄がある。その一部を原文のまま紹介する。

①福島県が支援するのではなく、国や東電に責任を取らせるよう強く主張するのが県の仕事だ。

②本当に東京電力福島第一原発は安全になったのか。

③本当に放射能の影響はないのか。

④原発再稼働に向かっていることに憤りを感じる。

⑤避難指示解除は、原発が本当に安全になってからにしてほしい。

⑥区域により賠償に差がありすぎる、新しい生活をすることは、帰還困難区域の人達と何も変わりはありません。何をするにもお金が必要です。区域再編にかかわらず、賠償をするように国や東電に話をしていただきたい。

⑦避難先で就職したが収入は半減で生活していけない。

⑧一日も早く補償していただきたい。以前の家と今回の家のローンを払い続けて大変。

⑨子どもの体に放射線影響が出ることが怖く、なかなか帰ることができません。

⑩3・11で強制的に避難させ、除染が終了したから戻りなさいでは、子どもたちは2回悲しい思いをする。

調査が本当に生かされるのかといった声もある。国、東電および県は声を十分くみ取ってほしいものだ。

原発の再稼働に対する全国的な最新世論調査でも、賛成が34パーセント、反対は61パーセントであり、事故後3年すぎでも反対が圧倒的に多い。しかし、若年層は比較的賛成が多い（福島民報、2014年10月6日）。事故影響の実態などを知ることが不足し、将来、自分たちへ大きなツケがふりかかることが十分考察されていないのか、また、事故はもう起こらないと思っているのかもしれない。

地域別では原発銀座といわれる北陸地方のみが、再稼働賛成が反対を上回っている。原発事故が起こった福島の人びとの不条理な生活を〝自分たちが〟経験することはなく、いまの生活が大事と思っているのだろうか。

原発ができ、精神的・経済的に依存し、最後は大事故となり、故郷を追われた〝過去の福島〟を見ているようで、痛ましい思いがする。

図表 15　これまで帰還を実施した市町村の状況

	避難区域等		解除年月日	帰還後の実際の状況	
				調査現在日	帰還率など
楢葉町	避難指示解除準備	全町民避難	2015 年 9 月	2015 年 12 月 4 日	帰還者数 388 人（人口の約 5%）
				2016 年 7 月 31 日	帰還者 696 人（人口の約 9.6%）
田村市都路町	避難指示解除準備	都路町	2014 年 4 月	2015 年 8 月末	帰還者数 198 人（76 世帯 68%）
川内村	指示解除避難準備	全町民避難	2012 年 1 月「帰村宣言」2016 年 6 月 14 日	2016 年 8 月 1 日	1,830 人（66%）（帰還者：自宅を郵送送付先とした村民）
葛尾村	避難指示居住制限		2016 年 6 月 12 日	2016 年 8 月 1 日	72 人（約 5%）
南相馬市	特定避難勧奨地点*		2014 年 12 月 28 日		南相馬市住民は国を提訴中

＊風向・地形により、年間積算線量が 20mSv 以上予想地域（ホットスポット）、個別家庭毎に指定。

4　避難指示が解除された区域はどのようになっているか（2016年4月）

政府が避難指示を解除して帰還できる形にして、帰還を決めた地域はどうなっているだろうか。

帰還率が少ない

2015年6月、政府が「復興指針改訂」を閣議決定後、それに沿って帰還を決めたのは楢葉町である。全町民が避難していたが、政府は2015年9月5日に避難指示解除準備区域を解除した。10カ月を経過した2016年7月までの帰還者は人口のわずか約10パーセントである。この町は、東電福島第二原発があり、爆発原発から20キロ圏にすっぽり入る。

川内村は緊急時避難準備区域（再編後このような地域はない）だった。全村民が避難したが、2012年1月と比較的早い時期に「帰村宣言」した。2016年6月、区域の指定が解かれた。丸4年半経った2016年半ばでも帰村者は1830人で人口の66パーセントである（図表15）。

このように、避難指示を解除しても住民の帰還率が低い。

全町避難指示解除と喧伝していたことと現実

国側は、楢葉町は、町の一部ではなく、全町を対象としたはじめての避難指示解除例であると大きく喧伝していた。もちろん、住む状況が改善して自宅に帰れるのは喜ばしいことである。自治体側は帰還決定が遅れるとさらに帰還希望者が少なくなることを懸念した苦悩の中の、早く復旧に着手したい希望の一歩だった。しかし住民は住みたい気持ちがあっても生活できそうにない状況で、自分が住むとなったらどうかと決断を迫られた上で判断を下したのだ。

改訂復興指針の実効性

国側からすれば、大部分を占める山林を除染しなかったけれど、住居の周り20メートルは一応除染した。だから避難指示を解除する。賠償も打ち切る。自主避難者は避難する状況でないから支援を打ち切る。後は「自立して」「自己責任で」頑張ってください。平たく言えばこういうことだろうか。20メートルは大人で40～50歩ほどだ。そこを過ぎて放射線量が高い所も出てくる。仕事や遊びで被ばくする。農家の家の周りは広い。どの程度の意味があるか。

帰る直前の状況

長期避難中に家に帰ると、イノシシやネズミなどの野生動物が入り込み、家の中は荒れ果てている。楢葉町で壊した家は８００軒という。大工さん、建築屋さんの手がまわらず、修理・新築に至らず、帰ることができない。さらに、日常生活に必要な買い物をするスーパーなどの商店、医療や介護の施設などが不十分な上に、今後の廃炉作業中の事故による放射線汚染への恐れ、水道水自体に放射線は検出されないものの水源の湖底質に確認されている高濃度放射線を意識しながら生活しなければならないことになる。

帰った人の思い

いち早く帰還した方の実感はどうだろうか。２０１６年3月11日にＮＨＫが5年目の3・11特集として楢葉町の状況を放映したとき、

「夜は真っ暗で怖い」

「盗難など治安の不安もある」

喜んで帰還した老夫婦が準備したのは、防犯用の木刀だった。

楢葉町で室町時代から続く宝鏡寺の住職夫人の早川千枝子さんは長い教員生活後、障がい者の施設を運営していた。楢葉町は、自然豊かな、のどかな町であった。東京の孫たちも遊びに来て、川、山、田んぼで、魚、野菜や米収穫などをして過ごした町である。

２０１１年3月12日に突然避難命令が出て、障がい者とともに、数十キロ離れたいわき市へ避難した。そこで、医療の混乱もあり、7～8回避難先を変えているうち自分の母親が亡くなり、障がい者8人も自殺や病気悪化で避難生活に対応できず亡くなった。

早川さんも気持ちのコントロールができず、職場へ行けず、無力感に襲われ、季節の変

化も感じず、家の住所、電話番号、知人の名前も思い出せない状況だった。楢葉町へ帰りたいと思ったという。

２０１５年9月の避難指示解除後、帰った町は、多くの家が取り壊され、空き地ばかりが目立ち、逆に廃炉や除染従事作業員のための宿舎が建てられ、ダンプ、トラックが走り回り、町中が「廃炉の拠点地域」に変わってしまっていた。人口約7０００人だった町に、突如3０００人の作業員がいる。放射性廃棄物のつまった大きな黒い袋が大量に積まれている。夜は灯がともる家はまばらで、怖い。早川さんは、「私が帰りたかった自然豊かな楢葉町はもうどこにもない」と声をふりしぼった。

解除後1カ月で帰った方は人口の5パーセント程度。帰らない理由は、帰る家がない、子どもや孫が一緒でない、隣近所の人がいない、水が心配、除染で出たがれきはそのまま、原発関連の作業員が町民より多い、農業・畜産・林業などができない、仕事がない、原発事故を体験して、再び原発のある町に帰りたいとは考えられない、しかも、国・東電は町内にある第二原発の廃炉を決して言わない、など。

早川さんは、原発事故の放射線は「人生を狂わせ、家族や地域とのつながりや生きがいのすべてを奪いつくした」にもかかわらず、原発再稼働に向けて動いている。目をそむけないで、必死に生きていこうとしている私たちを忘れないでくださいと結んだ（シンポジウム：原発ゼロを目ざして今、福島から―あの日から5年、二本松市、２０１６年3月の講演から）。

人びとは何を望んでいるか

帰還困難地域の方が、国民のみなさんから出してもらっている賠償なので申し訳ないと口をそろえる（ＮＨＫ、ニュース深読み、２０１６年3月11日）。人生を狂わされてしまった人のけなげな声である。何も〝悪いことをしていない〟のに、社会に対して〝申し訳ないと思いつつ一生を過ごす人生〟に変えられてしまったということだろう。心が痛む思いだ。

多くの避難者は、どういう形であれ、普通の生活ができる自分の故郷へ帰りたいと望んでいる。しかし現在、避難生活が長期化し、住居を探し、仕事を得る、子育てをする生活がある、そんな避難地でようやく見つけた仕事を辞めて、故郷で生きていける仕事が得られるかは不明だ。その中で、自分の生活を守るため帰還しないと決めた世帯、すぐに帰還をのぞむ人、学校の年度の区切り、子どもの将来あるいは営業再開のめどがついた後で帰還をのぞむ人、帰りたくても不安が大きく決断できない人などがいる。「それぞれの状況に応じた支援が必要」である。「あっちへ避難してください、空中放射線が減ったからこっちへ帰ってください」という将棋のコマのようなわけにはいかない生活と人生がある。何より、このような状況をつくったのは、国の政策と東電なのだ。

何が必要か

商売する側からすれば、購買者がいないので、営業再開できない。子どもがいる若い家族は、放射線の不安の解消や学校の開校などがなければ帰還できない。多くの人が帰りやすい生活基盤整備が必要である。

この地域の生活は、一つの町で成り立っていたわけではなく、この買い物はA町、医療は隣町のB町、介護施設はC町など相互依存して成り立っていたという。いわゆる生活圏である。それらの町が帰還困難地域で、生活基盤をつくりなおす上で障害になっていることが基本的にある。こうした「壊された地域社会」の全体としての再生を考慮して各自治体が帰還策を計画することも必要と考える研究者もいる。

復興に至る道

政府は、やみくもにと思えるほど「避難指示解除と賠償金打ち切りのセット」を急いでいるようだ。帰還への障害物の克服がないまま、〝一斉に避難指示を解除し、賠償打ち切り〟では住民が生活できない。賠償を打ち切れば、避難している住居の補償もなくなるので帰還せざるを得ないだろうということなのだろうか。

お金がないわけではない。過酷事故を起こした東電は毎年数千億円の「黒字」である。しかし、賠償、除染や廃炉などに長期にわたり莫大なお金がかかる。国と電力会社が継続・拡大を推進する原子力発電の事故の特徴である。〝福島県民は棄民されているのではないか〟という言葉もしばしば聞かれるようになった。加えて、状況が異なる市町村を一律に避難指示解除など無理が大きい。

現時点で避難指示を解除・賠償打ち切りにすることが、復興に至るというのは、どのような理屈なのかなかなか理解できないでいる。住民生活の復旧すらできないで状態で〝復興〟などありようもない。

第2章

原子力発電所爆発から5年の福島の人びと

資料編

図表 16　人口ゼロの町の出現

	2015年(人)	2010年(人)	減少人数(人)	減少率(%)	避難指示など
大熊町	0	11,515	11,515	100.0	全域避難地域
双葉町	0	6,932	6,932	100.0	全域避難地域
富岡町	0	16,001	16,001	100.0	全域避難地域
浪江町	0	20,905	20,905	100.0	全域避難地域
楢葉町	976	7,700	6,724	87.3	避難指示解除も帰還進まず
川内村	2,021	2,829	808	28.6	早期帰村宣言も帰還進まず
葛尾町	18	1,531	1,513	98.8	準備宿泊している人のみの人口
飯舘村	41	6,209	6,168	99.3	全域避難指示、特別老人施設に入所している人
広野町	4,323	5,418	1,095	20.2	
南相馬市	57,733	70,878	13,145	18.5	

各年、10月1日現在、平成27年国勢調査速報ー福島県の人口・世帯数ー平成27年10月1日現在、福島県企画調整部統計課、2015年12月25日。

1　人口ゼロの4町ができた（2016年4月）

２０１５年国勢調査で、原発事故5年後に四つの人口ゼロの町（大熊町、双葉町、富岡町、浪江町）が出現したことが分かった。いずれも原発から20キロ圏だ。

◆住民はどこでどのような生活をしているのだろうか。

◆原発立地自治体およびその周辺に限らず、放射線量がきわめて低い地域でも人口は減少。

◆他方、いわき市、相馬市、福島市、郡山市は、避難者や復興事業関係者による多少の人口増加。

町づくりのアンバランス（土地高騰による住宅建築困難、アパート不足、人間の分断、一時的収入による不

図表 17　福島県人口は原発事故４年半後に戦後最低に減少

	2015 年（人）	2010 年（人）	減少人数（人）	減少率（%）
福島県	1,913,606	2,029,064	115,458	5.7
男子	944,967	984,682	39,715	4.0
女子	968,639	1,044,382	75,743	7.3

2010 年、2015 年とも 10 月 1 日現在、平成 27 年国勢調査速報ー福島県の人口・世帯数ー平成 27 年 10 月 1 日現在、福島県企画調整部統計課、2015 年 12 月 25 日。

安定等による将来不安）が激しい。

2 影響の全体を表す人口はどうなったか（２０１６年４月）

◆原発事故前と比べ、約11・６万人が減少。過去最大の減少幅。

◆１９４７年国勢調査時の１９９万人を下回る戦後最低。

◆女子の減少が多かった。夫を残して母子で県外避難ケースが多かった可能性あり。

◆男子は除染・廃炉などの作業員流入により減少幅がやや少なかった可能性あり。

◆２０１６年11月には１８８・９万人となり、約13万人が減少した（減少率６・４パーセント）。原発事故により人口減少が加速している。

図表 18　避難者は５年たっても約 10 万人；
現在の福島・宮城・岩手の各県の避難者

県	避難者数	避難者数	内訳	
		合計	県内	県外
福島県	避難指示区域のある自治体から	99,608 人	56,338 人	43,270 人
	非避難指示区域から（自主避難）	約 25,000 人（13,000 世帯）		11,137 世帯
宮城県		55,122 人	48,678 人	6,444 人
岩手県		24,156 人	22,682 人	1,474 人

全国の避難者等数　復興庁 HP、2016 年 1 月 29 日、自主避難者は自己申告で、県の推計による。情報公開請求による福島県からの初めての公表による 2015 年 10 月現在数（毎日新聞、2016 年 3 月 11 日）。

3 避難者の現状（２０１６年４月）

◆３県とも原発事故５年後になっても避難者が多い。住居が確定しないと住民の復興は進まない。

◆福島県は５年後でも避難者が３県のうちもっとも多い。特に県外避難者および自主避難者が多い。

◆原発事故が加わると、遠方避難とならざるを得ない（県内、県外とも）。

◆県外避難は住むための情報不足も加わり、本来の生活に戻すことを困難にする。

◆国は、避難者ゼロ状態＝復興と考えているようだ。

◆避難指示区域がある市町村からの避難者数は、現在の見通しのない生活の中で依然として多い。自分の町へ

図表19　避難指示区域がある市町村の現在の避難者数と3.11時の住民登録人数

市町村名	避難者数（人）			住民登録人口	避難者／住民登録人口（%）
	2015年8月6日現在	内訳		2011年3月11日現在	
		県内	県外		
田村市*	1,629	1,446	183	41,662	3.9
南相馬市	23,634	17,024	6,610	71,561	33.0
川俣町	1,182	1,143	39	15,877	7.4
広野町	2,962	2,616	346	5,490	54.0
楢葉町*	6,500	5,461	852	8,011	84.8
富岡町	15,187	10,881	4,306	15,916	95.4
川内町	1,101	905	196	3,038	36.2
大熊町	10,505	8,229	2,276	11,505	91.3
双葉町	6,997	4,030	2,967	7,140	98.0
浪江町	21,020	14,605	6,415	21,434	98.1
葛尾町	1,481	1,387	94	1,567	94.5
飯舘村	6,723	6,228	495	6,509	103.3
計	**99,211**	**74,278**	**24,933**	**209,710**	**47.3**

＊2015年7月1日現在（避難解除が、2014年4月1日、2015年9月1日になされた）。福島県HPから作成（福島県から県外への避難状況、復興庁「全国の避難者等の数」調査のうち福島県分を抽出）。

帰還したいのはやまやまだが、帰還を困難にする要因の解消がないと難しい。

◆3・11時の住民登録人数を見ても、帰還率が低いことが分かる。

◆復興を願う立場からすると、「避難者が10万人を切って復興が進んだ」とはいえず、「原発・震災後5年過ぎても約10万人の避難者がいるのはなぜだろう」と深刻さを感じざるを得ない。

◆どこに避難しているだろうか。避難者ははじめから全国に避難したのではなく、多くは数回避難先を変えている場合が多い。平均5回くらいはある。

図表 20　県外では全国どこにでも避難

（単位：人）

地方	地方計	都道府県	人数
合計	43,270		
北海道	1,282	北海道	1,282
東北	7,187	青森	341
		岩手	496
		宮城	2,582
		秋田	604
		山形	3,164
		福島	
関東	23,780	茨城	3,724
		栃木	2,812
		群馬	1,139
		埼玉	4,605
		千葉	2,756
		東京都	5,697
		神奈川	3,047
中部	6,989	新潟	3,520
中部		富山	151
		石川	213
		福井	168
		山梨	584
		長野	775
		岐阜	183
		静岡	569
		愛知	650
		三重	176
近畿	1,683	滋賀	151
		京都府	482
		大阪府	463
		兵庫	478
		奈良	82
		和歌山	27
中国	737	鳥取	92
中国		島根	68
		岡山	301
		広島	210
		山口	66
四国	203	徳島	33
		香川	45
		愛媛	84
		高知	41
九州	921	福岡	329
		佐賀	72
		長崎	78
		熊本	105
		大分	102
		宮崎	131
		鹿児島	104
沖縄	488	沖縄	488

福島県から都道府県への避難者分布（2016 年 1 月 14 日現在）　復興庁・福島県 HP から作成。

図表 21　18 歳以下の子どもの避難

調査日時	合計	内訳	
		県内	県外
2015 年 4 月 1 日	23,495 人	12,006 人	11,492 人
2012 年 4 月 1 日	30,109 人	12,214 人	17,895 人

避難指示区域、非指示区域からの子ども避難者を含む。避難者の任意の届け出による。福島県内に避難し、仮設住宅、借り上げ住宅などに居住する。県外は全国 46 都道府県に居住している。福島県 HP から作成。

◆避難者は２０１６年現在でも全国に分布している。

◆子どもの県内避難者数は３年前と比べてもあまり変わっていない。

◆子どもの県外避難者数は３年前と比べ、減少傾向にあるが依然として県内と同程度である。全国の学校に通園・通学している。

図表 22　5年間の自殺者総数

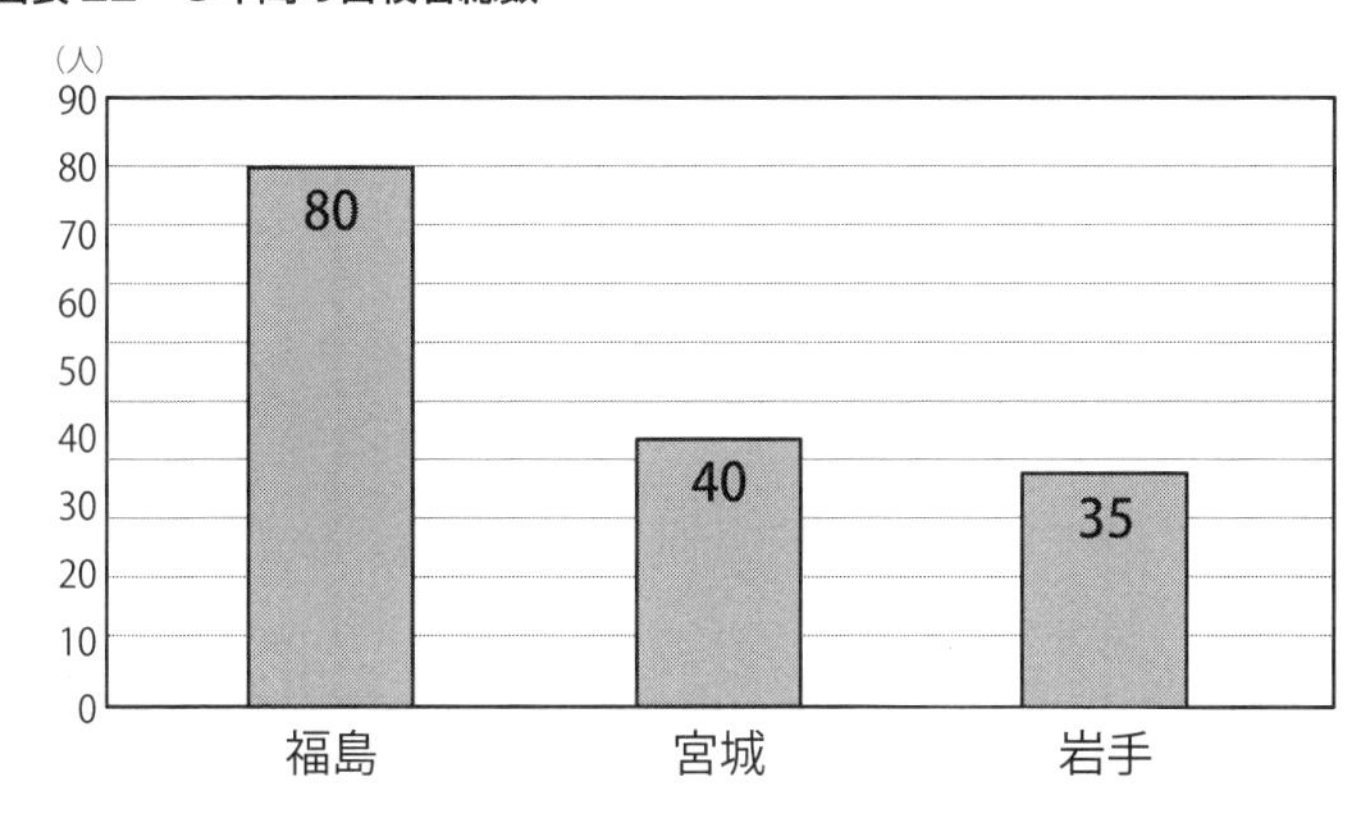

4 原発震災に関連する死亡（2016年4月）

◆5年間の自殺者総数では福島県が多く、宮城県の2倍、岩手県の約2・3倍である。

◆人口は宮城が約233万人、福島が約191万人、岩手は約128万人で、人口による差ではない。

◆震災関連自殺者は、福島では年を経ても多く継続している。宮城、岩手は減少している。福島では対策が必要である。

◆原発震災関連死が2000人を超え、直接死（地震・津波）の約1・25倍になる。

図表 23　福島県の原発震災関連死は地震・津波による直接死より多く 2000 人を超える

	原発震災関連死（人）	直接死（人）	初期の避難者（人）	割合（%）	
福島県全体計	2,037	1,604	約 165,000	1.2%	6 人 /500 人

避難指示区域避難、自主避難を含む。福島民報 2016 年 3 月 23 日から抜粋して作成。関連死は避難途中や避難先で死亡し認定され、災害見舞金が支給された死者。直接死は地震・津波による死者。

図表 24　復興公営住宅の計画と状況

県	建設計画戸数	工事完成戸数	工事完成率（%）	調査
福島	4,890	1,005	20.6	2016 年 1 月 29 日
宮城	15,917	8077	50.7	2016 年 1 月 31 日
岩手	5771	2,748	48.0	2016 年 1 月 31 日

各県の HP から抜粋して作成。

◆避難者１００人当たり約１人、５００人当たり約６人が震災死の計算になる。

◆福島では、避難者数に対し建設計画戸数が少ない。自治体内に建設ができない、他自治体に建設の場合などがある。

◆福島の避難指示区域13市町村のうち、５市町村が避難者向け公営住宅計画がある。

◆福島では、現在の仮設住宅居住者が約１万８０００人。避難解除・賠償打ち切り後の住居の行き先が心配されている。

◆仮設住宅生活での不十分な人間のつながりが、災害復興住宅で改善されるか、不安も大きい。

図表 25　東電福島第一原発の原子炉状態

	事故時	炉内中燃料（ウラン重量）	原子炉へ落下状態	状況・作業	原子炉外の問題	使用ずみ燃料プール中の燃料
1号機		400 体（68 トン）	ほぼ全量	上部にがれき	ベント使用排気筒（120 m）の根元は 23 シーベルト /hr. 倒壊が懸念	392 集合体
2号機	稼働中	548 体（94 トン）	6 ～7割	放射性物質放出量が最大		615 集合体
3号機	稼働中	548 体（94 トン）	ほぼ全量	がれき撤去、除染作業難航		566 集合体
4号機	停止中	なし				全て取り出し
5号機	稼働中	電源喪失直前	廃炉決定			
6号機	稼働中		廃炉決定			

建屋の汚染水は 12,100 トン～ 16, 5 00 トン。毎日新聞 2016 年 3 月 11 日、福島民報 2016 年 10 月 16 日などから抜粋して作成。

5　現在の原子炉はどうなっているか（２０１６年４月）

◆溶け落ちたとみられる核燃料の取り出しは、取り出せない可能性も含めてきわめて困難とされる。一応30～40年が予定されているが、実際は不明。

◆取り出した核燃料・汚染廃棄物の処理法、場所はまったく不明で、次世代から数世代先に引き渡すことになろう。

◆東電福島第二原発（4基）の廃炉・再稼働が、政府・東電によって言明されていないことが、住民の帰還判断を迷わせている。

◆原子炉周辺の放射線量が高く、人間は近づけない。内部を知ることが困難である。

第3章

政府と東京電力の体質

1 東電・政府・原子力規制委員会の汚染水処理の本気度と対応力（2015年4月）

汚染水の港湾外（外洋）への流出を10カ月公表せず

東京電力は2015年2月24日、「福島第一原発2号機の原子炉建屋の屋上に、高い濃度の汚染水がたまっていた」と発表した。一部が雨どいなどを伝って排水路に流れ、港湾外（外洋）に流出したという。

昨年4月以降、放射性物質濃度の上昇が確認されていたが、東電は濃度のデータを約10カ月間公表せず、国にも報告していなかった（毎日新聞、2015年2月24日／福島民友新聞、2月26日）。漁業関係者から、怒りと不信の声が上がった。

原発事故は収束するどころか拡大しているのである。このニュースは全国を駆け巡ったので、心を痛めている方も多いと思う。漁業や復興との関係は次の機会にして、ここでは東電の姿勢について紹介する。

気付いていた汚染水の港湾外（外洋）流出

2号機は2011年3月15日に爆発し、最も多量に放射線を放出した原子炉である。東電は、2号機からの排水路の放射能が、雨が降るとより高くなることを何回も測定していた。その汚染水が港湾外（外洋）に流れていることにも気付いていた。

安倍首相が2013年9月、オリンピック誘致に当たって、「放射能汚染は完全にコントロールされている」と大見得をきった。その範囲は港湾内という意味であった。そのときも、すでに港湾外（外洋）に汚染水が流れていることが報道されていた。

今回は、外洋に流出し、コントロールできていない状態がはっきりした。東電は、定例記者会見をはじめ何度も報告する機会があったのに、そのまま、ほぼ1年が経過した。つまり隠していたのである。発覚して、〝東電はまたもや信頼を裏切った〟と報道され、廣瀬直己東電社長や現場責任者が謝罪した。

いま、港湾外（外洋）へ通じる排水路を港湾内へと変えることを検討しているという。しかし、港湾内の水はじっと留まっているわけではなく、毎日、半分が港湾外（外洋）の水と入れ替わっている。放出された放射線はどこにいくのか。

9日経った2015年3月5日夕方の福島県内ニュースでは、2号機以外の1~4号機周辺地の汚染度を測定しようとしたが、高放射線量で近づけず測定できなかったという。構内の一部の除染が終わって作業員も廃炉作業がやりやすくなったという報道があったばかりだ。広い構内では、汚染度が極端に違うのだ。

にじみ出る本心：福島の人びとの苦しみが分からなかった4年間

私は、その時々の発言で本心がよく出ることに注目した。廣瀬東電社長は、「隠そうとは思っていなかった」と言い、「福島、社会のみなさまの目線、何を気にしているかというところに、われわれの思いが足りなかった。大いに反省するところです」（小野明東電福島第一原発所長）と言う（TBSニュース、2015年3月5日）。この4年間の福島の人びとの苦しみが分からなかった、ということである。これから、つまり4年経ってから「気持ちに寄り添えるように」と考えはじめるのでは、分かるまでいったい何年かかるのだろうか。

国は教訓を得ているのか

国はどうか。菅義偉官房長官は「港湾外の海水の放射能濃度は、継続して法令告示濃度に比べて十分に低い数値だ。港湾外への汚染水の影響は完全にブロックされている。状況はコントロールされているという認識に変わりはない」と述べ、外洋への影響はないとの考えを示した（時事通信、2015年2月25日）。つまり、まったく問題ないと取り合わなかったのだ。世界共通の財産である海洋を汚染させているという認識はないようだ。いわき市マリンセンターの展示をみると（2016年1月）、海水中の放射性セシウム濃度は、一時的な高濃度からは低下したが、原発事故前の50〜120倍の濃度であるという。

その後、漁業関係者の怒りが強いことが報道されるようになって、菅官房長官は去年4月から把握しながら公表しなかったことについて、「情報開示できなかったことについて、心からお詫びを申し上げたい」と陳謝した（TBSニュース、2015年3月2日）。

東電は原子力規制委員会に謝罪

原子力規制委員会の委員5人は2015年2月27日、東京電力の廣瀬直己社長と公開の場で面談し、福島第1原発の排水路を通じて港湾外に汚染水が漏れていたことを把握しながら、公表が遅れたことについて、一斉に苦言を呈した。田中俊一委員長は「深刻に反省しないといけない。きちんと処理できないと東電は信用を得られない」と述べた（ロイター、

２０１５年２月28日）という。

ところが原子力規制委員会は承知していた

最初の毎日新聞記事の中に、〝東電は国に報告していなかった〟とあるが、これは正確ではない。東電の福島第一廃炉推進カンパニー最高責任者増田尚宏氏は、「原子力規制委員会専門家委員会に報告したことで、外に公表したと認識していた」と言う（福島民友、２０１５年３月３日）。規制委員会は東電に苦言を呈したというが、事前に報告を受けて把握していたのだ。

実際、『福島民報』２０１５年３月５日の１面トップ記事には、「国の監督に甘さ　第一原発汚染雨水流出　規制委と県対応後手に」（図表26）の大見出しがあった。

「東電に情報開示を求めず、対策を先送りしてきた監督官庁の経済産業省の姿勢が問われている。さらに、監視すべき立場の原子力規制委員会と県は流出を把握しながら見過ごしてきた。…東電から規制委への報告は平成25年11月にさかのぼる。…県担当者も出席し…26年１月の規制委の作業部会をはじめ、対策を計６回議論した」とある。

図表 26　汚染雨水流出と国、規制委、県の対応

福島民報
2015（平成27）年
3月5日
木曜日

国の監督に甘さ

3・11大震災 断面

第一原発 汚染雨水流出

規制委と県 対応後手に

東京電力福島第一原発で汚染された雨水が港湾外の海に流れ出ていた問題で、東電に情報開示を求めず、対策を先送りしてきた監督官庁の経済産業省の姿勢が問われている。さらに、監視すべき立場の原子力規制委員会と県は流出を把握しながら見過ごしてきた。監視・規制する側の対応のまずさも浮き彫りとなっている。

■規制の対象外

規制委の田中俊一委員長（福島市出身）は四日の記者会見で、汚染雨水対策への関与が不十分ではないかとの指摘に「責任は東電にある。箸の上げ下ろしまでわれわれが技術指導する立場ではない」と反論した。

東電からの規制委への報告は平成二十五年十一月にさかのぼる。1～4号機の原子炉建屋の山側（西側）を通る排水路の雨水から高い値の放射性物質が検出された直後だった。県担当者も出席した二作業部会をはじめ、対策を計六回議論した。

海洋汚染の対策が取られている港湾内に排出先の変更を求める意見もあったが、東電は明確な回答を保留。規制委は同二月、東電に二十七年三月まで一年間の猶予期間を与え、濃度の低減や管理計画の策定などを求めるにとどめた。

規制委が厳しく対処しなかったのは、汚染雨水が法的な規制の対象外と判断したためだ。排水路の雨水は海への放出が許容される放射性物質濃度の上限値「告示濃度限度」を大幅に超えていた。しかし、雨水は原子炉等規制法に基づく液体放射性廃棄物の対象に含まれていない。規制委は法を根拠に汚染雨水の流出を事実上黙認していた。

規制委の金城慎司東京電力福島第一原発事故対策室長は「排水路は地下にあり、東電の対応は難航していたと認識している。地元の人々に不安を抱かせたことは申し訳なく思う」と謝罪した。

県は第一原発周辺の十三市町村などともに県廃炉安全監視協議会を構成し、専門家の指導・助言を受けながら廃炉作業を注視している。しかし、汚染雨水の放射性物質濃度が高いことへの問題意識が薄く、具体的な手を打たずにきた。県原子力安全対策課は「情報を適時把握できるよう努めてきたが、結果として対応が後手に回った」としている。

【背景】東京電力は二月二十四日、福島第一原発2号機建屋大物搬入口屋上の汚染雨水が排水路を通じ、港湾外の海に流れ出ていたと明らかにした。昨年四月以降、十カ月間にわたり排水路を流れる雨水の放射性物質濃度を観測していたが、公表していなかった。国が定めた原発から放出される水の放射性物質濃度の上限である「告示濃度限度」はセシウム134が一リットル当たり六〇ベクレル、137が九〇ベクレル、ストロンチウム90は三〇ベクレル。問題の排水路からは昨年四月以降、最大でセシウム134が一リットル当たり二八〇ベクレル、137が七七〇ベクレル、ストロンチウム90などベータ線を出す放射性物質が一五〇〇ベクレル、告示濃度限度を大幅に上回

■「思い至らず」

経済産業省は第一原発事故の対応拠点として、Jヴィレッジ（楢葉・広野町）に廃炉・汚染水対策現地事務所を置く。約二十人が常駐し、廃炉・汚染水対策に向けた企画・立案や工程管理、トラブルへの対応に当たっている。同所には規制委の福島第一原子力規制事務所もあり、保安検査官ら約十人が第一原発を監視する。

国は事故収束に向けて「前面に出る」と繰り返し主張しているが、同省は今回の問題で、東電に排水路の清掃や汚染源の特定などを指示しただけだ。

昨年四月以降は情報の開示を積極的に求めていない。廃炉作業の管理監督への認識の甘さを露呈した。木野正登現地事務所参事官は「問題への対応は指示した。ただ、漁業者らに汚染雨水の流出を説明すべきで、思いが至らない部分があった」とした。

■東電任せ

県防災会議原子力防災部会委員を務め、社会情報学が専門の佐々木康文福島大准教授（四四）は「原発事故発生後、県民は国や県の情報公開の在り方に疑念を抱いている。（行政側は）東電任せの対応に終始せず、自らが責任を持って廃炉作業の現場に携わらなければならない」と監視、監督の厳格化の必要性を指摘する。

その上で「国や県は東電からの情報提供を待つだけでなく、情報を取りに行く姿勢が必要になる」とし、国や

福島民報　2015 年 3 月 5 日

汚染雨水は法的な規制の対象外

排水路の雨水は海への放出が許容される放射性物質濃度の上限値である告示度限度を大幅に超えていた。しかし、雨水は原子炉等規制法に基づく液体放射性廃棄物の対象に含まれていない。規制委員会が厳しく対処しなかったのは、汚染雨水が法的な規制の対象外と判断したためである。つまり、規制委は法を根拠に汚染雨水の流出を事実上黙認していた。

汚染雨水対策への関与が不十分ではないかとの指摘に、田中委員長は「〝責任は東電にある。箸の上げ下ろしまでわれわれが技術指導する立場ではない〟と反論した」という。

汚染水タンク作業中の労災死亡事故があったとき、田中委員長は事故防止に向けて話すのでなく、汚染処理水を海洋放流することを決断しない東電の弱腰を問題とした。そのときの言い様も含めて、田中委員長の言動は開き直りが激しいように思える。疲れているのかもしれないが、少なくとも、言動は丁寧ではない。

前面に出るはずの国の役割は？

さらに、国の役割について厳しい指摘がある。「国は事故収束に向けて〝前面に出る〟

と繰り返しているが、経済産業省は今回の問題で、東電に排水路の清掃や汚染源の特定などを指示しただけだ。昨年4月以降、情報の開示を積極的に求めていない」（福島民報、2015年3月5日）。

法的に雨水は、原子炉等規制法に基づく液体放射性廃棄物の対象に含まれていなくても、雨水であろうがなかろうが、汚染水であることには変わりはないのだ。

誰が責任をもっているのか

こうしてみると、東電、国、規制委員会、資源エネルギー庁の「どこが責任をもって事故収束、廃炉に向かっているのか」分からなくなる。原発問題は個々の面だけ見ていても、実態は分からない。

東電の担当者は、高濃度汚染水が、外洋に流れていることを知っていたが、原因と対策が分かったら公表するつもりだったと言う。東電はこれまでデータ隠しを何度も指摘されてきた。福島県民はじめ国民が憂慮し怒っているのに、1年未公表だったことで何が、どれほど問題なのかを東電自身が理解できないでいる。

一方、東電は原子力規制委員会には報告していたと言う。規制委員会で止まっていたのである。過酷な原発事故を起こしても当事者、関係者はこの状況である。彼らに再稼働を支える、深い思慮や準備があるとは思えない。

2 東電は原発を制御できる社内体制があるのか（2016年4月）

メルトダウン判定の社内基準を決めたマニュアルの存在

事故後5年を前に福島の人びとのみならず全国の人を驚かせたのは、「東電、炉心溶融基準気付かず　第一原発事故」と1面を飾った記事だ。

「東京電力は24日、福島第一原発事故発生時に核燃料が溶け落ちる炉心溶融（メルトダウン）の社内基準があったにもかかわらず、存在に気付かなかった」と発表した（福島民報、2016年2月25日）。以前から、泉田裕彦新潟県知事は東電が事故直後に炉心溶融を把握していたはずだと主張し、新潟県技術委員会が東電に対する調査を進めていた（新潟日報、2016年2月25日）。

図表27　東京電力の炉心溶融（メルトダウン）の社内基準をめぐる動き

2002（平成14）年	1998（平成10）年に茨城県東海村のJCO臨界事故を受けて作成された。
2010（平成22）年4月	改訂の「原子力災害対策マニュアル」の中に「炉心損傷の割合が5%を超えていれば炉心溶融と判定する」と明記
2011（平成23）年3月12日	1号機が水素爆発した
	記者会見で、当時の原子力安全・保安院審議官が「炉心溶融」を明言したが、壊滅的印象を与えかねない言葉による混乱を恐れた官邸が保安院に注意し、審議官は更迭された（毎日新聞、2016年2月29日）
2011（平成23）年3月14日	原子炉格納容器内の放射線量を測定する監視計器が回復
	3号機の炉心損傷の割合が約30%、1号機が約55%を確認（3日後には1、3号機について判定可能だった）。それまで核燃料が傷つく状態を意味する「炉心損傷」と軽度に説明していた。
2011（平成23）年5月	2カ月後に、1～3号機3基の炉心溶融（メルトダウン）を正式に公表
2016（平成28）年2月24日	東電記者会見、炉心溶融（メルトダウン）の社内基準があったにもかかわらず、丸5年「気付かなかった」と発表（東電柏崎刈羽原発の安全確保について協議する新潟県技術委員会の指摘を受けて、社内調査で基準の存在が判明した？）。

二つの基準

この発表が、東電の定例会見ではない場での発表であり、その奇妙さや東電との質疑応答や配布資料などを、ジャーナリストのまさのあつこ氏が紹介している。詳細は省くが、メルトダウンには二つの基準があった。

①原子炉停止後1時間以内に、原子炉格納容器内の放射線量が1000シーベルト以上。

②原子炉停止後1時間以降に、希ガス放出曲線で5パーセントを超えるガスを（ガンマー線として）検出したら、炉心損傷の割合が5パーセントを超

えると判断。

実際にどうだったかをみると、①に関しては、決死隊のような形で、ベントしに行ったが諦めて戻ってきたのは、3月13日の夜遅くから14日の朝早い時間だったのではないか、「測定器のレンジは1000シーベルト／1時間で振り切れた」という。しかもこれは、原子炉格納容器内ではなく容器外である。

②に関しては、図表26のように、炉心損傷どころか炉心融解（メルトダウン）状態の3号機の炉心損傷の割合が約30パーセント、1号機が約55パーセントだったという。

不思議な点

どの新聞、テレビも、なぜ5年もすぎたいまごろになって発表したかを大きな疑問として挙げた。これらを考えてみる。

①炉心溶融（メルトダウン）があったかどうかが重大な問題になった時点で、幹部は、少なくとも社内基準があったかどうか探すよう業務命令を出す責務があった。果たさなかったのは、原因究明を行い、事故を防ぐことに熱意がないことを示している。

②事故のわずか11カ月前に、マニュアル作成を行っており、携わった社員や幹部は数多

くいるはずであり、「気付かなかった」ことはありえないと多くの人びとは言う。

③福島の人びとにとっては、「また隠していたか、東電は何を隠しているか分からない」ということであり、東電の情報隠しの体質が問われるという程度ではない。昨年6月の改訂復興指針の閣議決定以来、避難指示解除を前に、東電が損害を認めない、損害度の過小評価など賠償への対応の悪化例が特に多く、被災者を困らせている。「福島第二原発4基廃炉」をかたくなに拒んでいることと併せ、県民の不信を強め、怒らせている。

④今回、新潟県の問い合わせに対し、5年経ってから公表した。泉田新潟県知事は「(福島原発)事故の検証がなされない限り、柏崎刈羽原発の再稼働については議論しない」と協議のテーブルにつくことすら拒否している。東電はこの状態を改善したい思いがあるのではないかとも見られる。

福島の人びとは、棄民され、廃町・廃村・廃地域になりそうと思いながらも、故郷を思い、人とのつながりを回復しつつ、少しでも前に進みたいと思いながら、5回目の3・11を迎えた。

第4章

つきない住民の思いと今後の見通し

1 国と東電は福島原発事故の責任を認めるのか
──生業裁判と原告・支援集会──（２０１５年11月）

福島原発事故の裁判

福島原発事故後、多くの裁判が起こっている。「福井地裁の大飯原発再稼働差し止め判決（２０１４年７月）」や「高浜原発と川内原発差し止め請求判決（２０１５年５月）」は原発再稼働やエネルギー政策に関する裁判であり、全体の動向に大きな影響を与えるものだ。東電福島第一原発の事故に直接関連する裁判として、生業裁判を紹介する。

「生業裁判」では、下記の点が問われている。[1]

①被ばく住民の生活や将来の賠償をどうするかにとどまらず、

②原発事故が起こったときの政府・電力会社は、その責任を認めるのか、

③国・電力会社が住民保護や賠償の方針・基準を狭い範囲内で決めることを、司法が認めるかどうか。

判決によっては、避難や賠償の範囲が非常に狭くなり、実質的には責任が軽くなる可能

性がある。

今後、事故が起こった場合、問題が（みかけ上？）解決した・解決できるとして再稼働が加速されるか、それらを押し止めるかの分岐点になる裁判でもある。

生業裁判の構成

「生業を返せ、地域を返せ！」福島原発事故現状回復等請求事件（訴訟）は、原告が約4000人で、福島原発事故に関する最大の裁判である。訴状に記載された弁護士は11人（実際の弁護団は40人以上）で、事故発生2年目にあたる2013年3月11日に、福島地方裁判所に提訴された[2]。

原告は福島県と隣接県の茨城、栃木、宮城などに住み、放射能汚染に曝された住民であり、避難者を含む。被告は国と東電である。事故発生時に福島に居住していない私は原告になっていない。

安田純治弁護団長は、30年前の東電福島第二原発の設置許可取り消し訴訟の弁護団長であった。東電福島第二原発の設置許可取り消しを求める裁判で危惧していたことが、今回の原発事故で現実となり、大変悔しい思いをしていると書いた（弁護団ニュース、2012

年2月)。

生業裁判とは

生業裁判の趣旨・目的について、馬奈木厳太郎(まなぎいずたろう)弁護団事務局長は次のように述べている。国と東電の責任を明らかにすることを通じて、

①〝未曾有の公害〟である原発事故による被害が、賠償問題だけで解消されるわけでなく、現状回復、すなわち、被害や被害を生みだすことがない状態(放射能もない、原発もない地域を創ることを含めて)への回復と防止が必要。

②国の責任追及と、国が策定した一方的な賠償線引きの土俵上ではなく、原告だけでなく、住民の健康対策や生活など被害者全体の救済、

③脱原発を求めている。[1]

伝えておきたい原告の声

被害の現れ方は、住んでいた地域、家族構成、年齢、職業など、個々の事情によって実にさまざまである。[3] 原告団が、3冊の証言集を作成しているので、その一部を見てみたい。

●農家男性A：

父親は、3月12日に東京電力福島原子力発電所1号機の水素爆発を見て、「俺の言う通りになった。人がつくったものは必ず壊れる時がくる」と言い、口数が少なくなった。野菜の出荷停止が広がり「福島の野菜はもうおしまいだ」と言っていた。そして、有機農業でつくっていたキャベツの出荷停止のファックスがきた日の翌3月24日、自宅裏で自殺した。

●避難地域にある高校の2年生女子：

津波で家が流され、福島県川俣町、山梨県、沖縄県へ避難した。避難先の高校ではみなが良くしてくれたが、地元の高校卒業にはならず、寂しい思いをした。福島のみなといたい気持ちもある。父は一時原発で働き、原発の仕組みや危険性などを勉強していたので、教えてもらった。事故直後は、結婚できないのではないか、子どもも産めないのではないか、ガンのリスクがあるのではと考えていた。

●農家男性Ｂ：

販売不振など金額で換算される実質的な損害のほかに、農地を汚染されたことに対する精神的苦痛やストレス、健康への不安、さらには子どもたちと地域のつながりまで絶たれた喪失感など、金額に換算できない多大な損害を被っている。これらの損害を国が定めた賠償基準でいとも簡単に決められるのは、あまりに「理不尽」の一言に尽きる。

Ａさんは避難指示地域の住民ではない。Ａさんの例は影響が広範囲に現れるという原発事故の特徴を示している。単純に放射線値の多少ではないことを示しており、裁判はその場合の責任を認めさせる意義もある。Ｂさんは原発事故に特有な金額に換算できない損害を陳述している。

最近、ほかの原発立地自治体で「地元経済活性化」のために、〝再稼働〟受け入れ賛成が決議されたなどと聞く。「絶対起こらないと言っていた原発事故が起こるとどのようになったか、首長、議員は、地元民を守れたか」を知ってほしい。少なくとも、裁判の証言集を読んでから、判断することを勧めたい。

オリンピックへ向けて……

２０１５年5月の自民・公明党の「復興加速のための第5次提言」を受け、政府は6月12日に閣議決定し、避難指示区域解除の早期実行を開始した（第1章2節 新たな「収束宣言」か）。現在、避難解除・賠償終了が加速される段階にある。避難解除の際に、賠償金を2年間だけ一括払いにし、その後に損害があっても、実質賠償はしない。今回で、終了するという内容である。これは、福島の問題だけでない。今後起こるかもしれない事故を考えるときわめて重大である。

被告の国・東電の狙いは、「福島の賠償の問題、避難解除は片付いた。今後は復興が重要である。再稼働を進め、東京オリンピック・パラリンピックにまい進したい」のであろう。実際、国の解説パンフにも記載されているほどだ。

そのために、弁護団は「国・東電は、２０２０年までに被害対策をすべて〝終息〟させたい。〝福島切り捨て策〟を次々と打ち出し、裁判の場を利用してこれを確定することだ」とみている。福島の人びとは日を追ってこのことを実感している。

図表28　年間線量とその意義について

年間線量(mSv)	内　容
100	生涯被ばく線量
50	放射線業務従事者および防災に係る警察・消防従事者用上限
20	国・東電が「被害はない」とする線量
5	放射線管理区域
1	除染目標値

20ミリシーベルト（mSv）受忍論

国は、避難区域解除の基準として、空間線量が年間20ミリシーベルト以下なら健康には何ら影響ないという（図表28）。避難区域を解除するので、我慢してくださいという。これを馬奈木弁護士は、「20ミリシーベルト受忍論」と呼ぶ。しかし、除染時の安全・安心の目標は1ミリシーベルトであり、大きな乖離がある。

また、大学・企業等では、放射線を扱うために放射線管理区域が設定されている。その基準は5ミリシーベルトである。管理区域立ち入りには、毎年、健康診断（血液検査や目の診断）を受け、フィルムバッチを身に付け、被ばく量把握や管理区域退室時、手足を含めた全身の放射線汚染の有無を調べるのが必須である。区域内での飲食・喫煙は禁止され、18歳未満の者は作業禁止である。

20ミリシーベルト以下というのは、放射線管理区域の基準より高い設定である。それなのに、すでに避難解除し、帰還した人びとはもちろんのこと、多かれ少なかれ被ばくした福島県内の住民や、茨城・千葉・宮城・群馬・栃木県の比較的線量の高い地域の住民に対し、放射線管理区域立ち入りに必要な健康診断は実施していない。

ちなみに、内閣府・食品安全委員会が提起している生涯被ばく線量は１００ミリシーベルトである。20ミリシーベルト以下の、仮に10ミリシーベルトを10年間被ばくし続ければ１００ミリシーベルトに達してしまうのである。

また、低線量被ばくの影響に関する知見は極めて少なく、評価はできない。１００ミリシーベルト未満については「現在の知見では言及できない」とした。子どもについては、規制の値に留意する必要があることを指摘した（東京新聞、２０１１年7月26日版）。

「20ミリシーベルト受忍論」の意味

裁判の第一の論点は、「津波による事故発生の予測はできなかったのか」であるが、「予測と防御提案を受けたが、高堤防化案を拒否していた」東電の落ち度が明らかになった。

第二の論点は、国・東電の落ち度によって被害を受けた被害者の範囲を、加害者である国・東電が決めてよいのかである。

再稼働後に原発事故が起きた場合、全国的に「20ミリシーベルト受忍論」が前例となり、20ミリシーベルト以下なら避難地域として指定されなくなる。仮に指定されても20ミリシーベルト以下になった時点で、解除される可能性がある。

日本の多くの地域は0・04ミリシーベルト程度である。国・東電の主張は、「避難解除するので、20ミリシーベルト以内と放射線値は多少高いが、自宅および自宅周辺（生活圏のある近辺の森林は除染していない）へ、どうぞ我慢して帰ってきて、子育て・生活をしてくださいということだ。「できるだけ被ばくを避ける原則」とは逆行している。「より高い放射線地へ帰るのは、医師の立場から言えば心穏やかではない」と言う（斎藤紀、第100回福島復興フォーラム、2015年9月17日）。

この措置で、避難住民は安心するだろうか。すぐ帰還したい人、しない人、将来帰還したい人もいる。帰還は自由と言いつつ、2年後は賠償を打ち切ってしまう。たとえ帰還したとしても生活できない人に関しても賠償を打ち切るなど、帰還と賠償をセットにすることに無理がある。20ミリシーベルトという数値は未確定要素の多い数値であり、実態を考慮しない数値を設定することによる策には無理がある。

心理学研究者が原告側証人に

2015年9月30日に生業裁判第14回公判が開催された。午後には原告・支援者集会および裁判所までの短い行進があり、公判では、原告側証人に対する国、東京電力側の弁護側から反対尋問が行われた。

原告側証人として、同志社大学心理学部中谷内一也教授が立たれた。心理学の理論から、住民が訴えたことの正当性を示した。「住民が抱く放射線被ばくに対する恐怖感・不安感が、合理性・相当性をもつこと、原発事故や放射線被ばくへの恐れ・不安や恐怖感をもつことのメカニズム」を丁寧に説明したと弁護士から報告があった。

これらを毎日新聞は、次のように伝えた。

裁判で住民側は、精神的苦痛の根拠として〝全員に共通する被ばくに対する健康不安〟を挙げた。国側は〝客観的データを知ることで不安解消に向かうのではないか〟と主張した。中谷内教授は、「一般人が低線量被ばくに健康不安を感じるのは合理的だ」「低線量被ばくの危険性については専門家の間でもさまざまな見解があること自体が、市民の不安を増大させる」とした（2015年10月2日）。

人間の脳の働きとしては普通の認識ということを、丁寧に話されたという。政府・電力会社が、放射線の数値が下がったので安全ですよと数値を並べたところで、安心できないことを心理学から解明したのだ。

弁護団は中谷内教授をはじめから知っていたわけでなく、この分野でリスク論の第一人者を探す中で、中立公正の方と知り証人をお願いしたという。中谷内教授は、原告・支援者集会で、これまで裁判には関わったことがないと挨拶された。

証言内容の理解のため、中谷内研究室のホームページからリスク論の骨子を紹介する。

リスク認知という見地から、「安全と安心は両立しない」として、例を挙げれば、BSE（牛海綿状脳症）や放射能などは、

①目に見えず、自分でリスクを感知することができない、

②後になって悪い影響が現れるかもしれない、

③それが命に関わるような危険をはらんでいて、

④一度発生するとコントロールが難しい。

そんな状態では、専門家がどれだけ数字を並べて訴えても、私たちは安心だと感じることはないだろう。「リスクに対する捉え方の違いを認識し、相手の不安の源がどこにある

かを理解することが大切」で、リスクを認知する上で重要な評価ポイントとなる。

一般的には、そのリスク管理者が有能で、しかも意図が誠実である、つまり中立公正で真面目であるほど、私たちはその人の言うことは正しいと感じる傾向にある。

大友良英さんが講演

午後の公判の間に、原告と支援者の集会がもたれた。

講演者はＮＨＫ朝の連続テレビ小説「あまちゃん」のテーマ曲を作曲した大友良英さんである。いまでも、軽やかなメロディーが浮かんでくる。大友さんは9～18歳までの思春期を福島で過ごし、高校卒業後、１９７８年に音楽を学ぶため上京した。ご両親は福島市に住み、それもわが家の近くのようだ。

「厳しい裁判中ですが、楽しい・厳しい話をします」と話をはじめた。大友さんは、「福島は〝朝ドラ〟の舞台にはならない。なぜなら、震災度が激しすぎ、被害は目に見えにくい。４年半がすぎたいまでも、福島を舞台にしたドラマをつくれないだろう」とも言う。

大友さんは、「人間は困難さを切り抜けるため、日常的に準備をしている。それは各地の〝お祭り〟だ」と言う。原発事故後しばらく福島にいて何をすべきかと考え、福島から情報発信したいと野外音楽フェスティバル（お祭り）を計画した。

福島市内で放射線量の低い郊外の６０００平方メートルの広場に、全国からのボランティアが風呂敷をつなぎ「大風呂敷」にして敷き詰めた。放射性物質の飛散防止とともに靴底や皮膚に着かないようにしたのだ。２０１１年8月15日に坂本龍一さんなどが無料出演され全国から1万３０００人、ネット同時発信で25万人が参加したという。[4]

さらに大友さんは、「非常時にはいろいろな方向でものを考えることで切り抜けられる。現在のように、平常時に〝役に立つこと〟だけを指針にして物事を考えるのは危険だ」とも言う。

福島の誇りを取り戻すこと

大友さんは、「あまちゃん」はモデルとなった岩手県久慈の人びとが震災を受けた自分の町に「誇り」を取り戻したことを描いたが、福島は「誇りを失った状態」にあるという。たとえば、「ノーモア　ヒロシマ」といっても広島の人びとはそのまま受け止め、本当にそうしたいと願う。

福島では、「ノーモア　フクシマ」という標語を嫌う。大友さんは「ノーモア　ゲンパツ」ならいいと言う。被災者は「ノーモア　フクシマ」は言えない。被害を受けたことを広言することになり、放射能に汚染された県とみられる恐れがあり、自分がみじめに思えてしまうから。県外に避難し一部で差別を経験したこともあるのだろう。私は現時点では、差別や偏見と感じる人がいる「フクシマ」を使わず、地名としての「福島」を使っている。

しかし、大友さんによれば、広島の人も最初は「ノーモア　ヒロシマ」を言えなかったという。そして、「今回の訴訟は、現在の被害の状態をよく知ってほしい、責任を明確にせよとしていることである。自分でものを考えて裁判をしていることが、次の世代につながると確信している。ただし、実感できるのは、この会場にいる方々（比較的高齢者）がすべて亡くなってからだろう」と笑いを誘った（でも、実際そうだろう！）。「福島の誇りは取り戻せるし、〝ノーモア　フクシマ〟と普通に言えるようになるだろう。世代を超えるほど長くかかるのは、福島の受けたダメージが大きいということだ、この先が大切」と強調した。

自分で考え、行動することの大切さは、最近の安保法制への反対運動で、若い「ＳＥＡＬＤｓ（シールズ）」のみなさんが声を上げ、率直な思いを〝自分の言葉〟で発して、多くの人びとに感銘と力を与えたことでよくわかる。大友さんはこの運動を３・11後の脱原発運動の広がりの延長線上にあると評価した。

最後に、裁判が「〝納得のいく〟プロセスで進行するように国・東電や裁判所に要請し、自分たちも努力を」と話を締めくくった。

公判後の弁護団報告と今後の方向

弁護士から、国・東電が原告本人尋問に1年以上の長期間を主張し、裁判の引き延ばしを図っていることが報告された。賠償が打ち切られてしまえば、その後に裁判所が「国・東電の責任を認め、賠償が不十分という判断」をしても、国・東電は、「もうすでに賠償はすんでいる」と主張できる。

弁護団が、裁判官に対し「現地検証後に判決を下してほしい」と強く申し入れたと報告された。原告側が、次回からの原告陳述で精神的苦痛・損害をしっかり伝えること、「20ミリシーベルト受忍論」を克服するよう関係自治体に申し入れること、より多くの県民、国民に知らせるため、寄付を募り、県内二新聞へ意見広告を出す計画、大幅に支援者を増やし、裁判官が「被災者救援が必要と思うようになる」まで努力することなどが提起された（注：2015年11月公判で裁判官の現地検証が確定した）。

放射線被ばく者は、裁判をせざるを得ない状況にある。裁判に勝つ目標に加えて、原告自身が社会正義の声を自主的に上げ、社会の仕組みを知り、支援を受けつつ、共同して力を合わせて社会を動かし、心豊かになることも重要である。

〔参考文献〕

1）福島原発訴訟原告団・弁護団、「生業を返せ、地域を返せ！」あなたの福島原発訴訟、かもがわ出版、２０１４

2）福島原発訴訟原告団、「生業を帰せ、地域を帰せ！」福島原発訴訟訴状～私たちが取り戻したいのは元通りの生活～、２０１３

3）福島原発訴訟原告団、「生業を返せ、地域を返せ！」福島原発訴訟原告たちの証言、第１集（２０１３年）、２集（２０１４年）、３集（２０１５年）

4）大友義英、後島康夫・森岡孝二・八木紀一郎編、『いま福島で考える』、桜井書店、２０１２、立ちあがった新しい市民運動、57－83

2 福島県内原発全10基廃炉の意義と再稼働条件を考える（2015年1月）

首相、全10基廃炉申し入れに触れず――福島県民に衝撃はしる――

衆議院解散前、2014年11月に就任した内堀雅雄福島県知事は、早速、福島の復興を目指して各省庁に要請し、最後に安倍首相と面談し、福島県民・県議会・全市町村議会が望み、決議している、県内全10基廃炉を申し入れたが、首相から何も返答がなかったという。『福島民報』2014年11月22日の記事の太い横見出しは「福島を忘れるな」、縦見出しが「首相、復興策触れず――県民、経済政策に冷ややか――」だった。

記事の中では、2年前の衆院選公示日に安倍首相が福島に来て、「福島の復興なくして日本の再生なし」という第一声を、仮設住宅に住むご夫婦が思い出したことが紹介されている。

今後の日本の方向を決める大事な選挙への方針で原発事故復興に一言も触れなかったことに、福島県民は衝撃を受け、復興がさらに滞るのを不安視していることが地元紙の記事となった。福島民報社が県民に応募した選挙の性格づけ標語に「追い込まれ解散」というのがあった。経済実態が予想外に悪く、気持ちに余裕がなく、安倍首相の本心がつい出てしまった。つまり、県民の望む全10基廃炉や福島の復興を本気で考えていないことが表れてしまったのだろう。

再稼働の要件とされるもの

最近は、再稼働の必要性を論理的に語らず、「ベースロード電源として必要」という枕ことばの後に、「再稼働する」の結論しか述べなくなった。具体的な事故の反省は表明されていない。

原発事故後の電力事情には大きな変化があり、各分野でより技術的、産業的、専門的に検討されているようだ。これまで、再稼働の理由として、原子力発電の有利な点が挙げられてきた。

①原発のコストは安い、
②原発がないと電力が不足する、
③再生可能エネルギー構築には時間がかかる、

図表 29　各種発電法の 1 キロワット・1 時間当たりのコスト

発電法		コスト	備考
原子力		14 セント（約 15 円）	事故対策費を含んでいない
地熱		6.5 セント	
小水力発電		7.7 セント	
陸上風力		8.2 セント	
石炭火力		9.1 セント	
天然ガス火力		8.2 セント	
太陽光発電		14.9 セント	
日本	原発	5.9　円	2004 年政府が算定
	原発	8.9　円	原発事故後「コスト等検証委員会」、事故対策費を含む
	原発	10.25 円	大島堅一氏によると、火力 9.87 円、水力 7.09 円
	太陽光	14.9 セント	海外に比べ国内機器が高いため、輸入機器で安価に
	風力	19　セント	海外に比べ国内機器が高く、稼働率が欧米に比べ低いため

福島民報 2014 年 9 月 17 日、大島堅一『原発のコスト』などを整理した。

④温暖化防止に寄与する、
⑤世界最高の新規制基準を超え安全性が担保される、
⑥地域経済が潤う。

原発の発電コストは安いか

世界的にみても、原発のコストは再生可能エネルギーに比べかなり割高であることが、『福島民報』２０１４年９月17日に紹介されている。エネルギー問題調査機関の米国「ブルーバーグ・ニューエナジーファイナンス」が最近まとめたのだが、１キロワット・１時間当たりで比較すると図表29のようになる。原子力発電は事故対策費を含まない条件でも、風力より高く、太陽光発電と同レベルだ。

解説によれば、原発の発電コストが世界的に高騰している要因として、「東京電力福島第一原子力発電所の事故後の安全規制強化があって、建設費や維持管理にかかる人件費などが世界的に高騰している。炉心融解などの深刻な事故を防ぐための対策強化が求められた結果」という。

２０１１年に岩波新書『原発のコスト』を出版した大島堅一立命館大学教授がコメントを寄せ、「日本の試算は、２０１１年以前に建設された原発データを用いるなど、過少見積もりだ」と述べている。政府が出した5・9円は、仮定数字での予測、たとえば稼働率１００パーセントなどによるという。発電の実際のコスト（１９７０～２０１０年度平均）から計算すると火力より高くなるという。

現在までですでに原発事故損害総額は11兆円を超えた

原発は稼働時のコストに加えて、事故時には巨額の対策費用が必要となる。２０１４年3月11日のＮＨＫ報道では、これまでの損害額総額を、11兆１６００億円余りとしている。加えて11兆円余の中に含まれていないものとして以下の費用を挙げている。

①除染で出た土の最終処分の費用

図表 30　2014 年初期時点での損害額総額とその内訳

損害額総額			11 兆 1,600 億円余り
内　訳	廃炉と汚染対策		2 兆円
	賠償（住民、市町村、JA など）		5 兆円超
	除染費用		2 兆 5,000 億円
	廃棄物貯蔵用　中間貯蔵施設整備		1 兆 1,000 億円
	原発事故時措置された国や県の予算の合計		5,690 億円
	内訳	福島県向けに設定原発の立地補助金	2,000 億円
		復興加速化交付金	1,600 億円
		県民健康管理調査の費用など	960 億円
		災害公営住宅の建設費	730 億円
		原子力災害復興基金	400 億円

NHK 2014 年 3 月 11 日報道から作成。

②事故対応のための公務員の人件費
③40年続くとされる廃炉費用
④住民などに対する賠償（増えることは確実）
ＮＨＫ報道では、今後も巨額の費用がかかることを示唆している。

なお、廃炉費用に関して、電力９社が積み立てている原発解体費は４割不足し、電気料金として利用者から徴収することになるだろうとしている（西日本新聞、２０１４年10月20日付）。

さらに、核燃料再処理の新技術は未確立で、費用も不明である。放射線の影響がなくなるまで数万年を必要とする使用ずみ核燃料の最終処分をどうするのか未定である。その策定や建設費用と維持管理の費用は予想もつかない。増えすぎたプルトニウムの処分の問題もある。

稼働原発はゼロでも停電は起こらなかった

原発必要論には、電力不足が挙げられる。真夏、真冬の不足が言われた。そのため、計画停電などが喧伝されたことも記憶に新しい。しかし、2013年9月〜2014年には、原発ゼロでも停電はなかった。

電力は比較的余裕があり、北海道電力も節電要望をするが今冬の節電目標を設定していない。原発の比率が最も高かった関西電力は、2014年夏の最も需給が厳しかった7月25日でも余裕度6・6パーセントを維持し、東京電力からの電力融通も受けなかった。ピーク日は大阪で37度を超す猛烈な暑さだったが、不足しなかった。

ゆとりがあった理由として、想定より108万キロワット上回る節電が挙げられる。節電が国民・企業や国の取り組みとして、定着したようだ。脱原発を可能にするために、自分も参加できる行動として節電に取り組む国民のエネルギーは力強い。再稼働を認めない世論が多く維持されている要因の一つであろう。

２年連続して電力需要は前年より減少した

原発を再稼働しないと電力が不足するという主張が続いた。しかし、電気事業連合会発表によると（SankeiBiz、２０１４年10月18日）、14年度上期（４～９月）の電力需要は前年同期比３・５パーセント減で、２年連続で前年実績を下回り、10社そろってマイナスだという。実際、電力10社合計の家庭の需要販売電力量は５・６パーセント減、産業用大口販売電力量は０・７パーセント減だという。４年連続のマイナスで、生産活動の弱含みが継続しているという解説だった。これらは、天候などによる一時的なものでなく、節約などによって電力を省いたためという。

再生可能エネルギー供給には時間がかかるか

すぐに原発ゼロは無理という論が根強くある。再生可能エネルギー供給には時間がかかるという論である。課題もあると思う。しかし、曲りなりにも再生可能エネルギー（太陽光＋風力）の発電買い取り受け付けがはじまった。

しかし、２０１４年秋口の電力会社の再生可能エネルギー買い取り延期問題は、日本の再生可能エネルギーの産生能力・利用可能量が大きいことを示唆する。福島県は復興の柱に、再生可能エネルギーの普及を掲げ、100パーセントとすることで復興を果たそうとしている。実際に、福島県沖の太平洋で洋上風力発電や地熱発電がはじまっている。この延期は、福島県のエネルギー計画に支障を与える。原発から再生可能エネルギーへの切替えを早く決意し、仕組みを構築することが必要である。

新規制基準は安全確保への保証となるか

今野順夫元福島大学学長など5人が主催する復興フォーラム（現在まで100回開催）で聞く原発周辺自治体の首長さんたちの話は、原発事故の直後に、住民を避難させることがいかに大変だったのかを思わせる。事故から3年半以上経った講演なので、現在取り組むべき課題をお話しされると思いきや、避難の話に重点を置いて話される。事故発生時に政府・東電からまったく連絡がなくTVで知り避難を決断した。現在に至るまで東電と国から謝罪はないと桜井勝延南相馬市長や馬場有浪江町長は言う。東電は、事故後は、いかに収益改善するかに力が入れられ、黒字である。住民への寄り添いなどみられない。

それらの総括から、首長さんたちはあるべき考え方、やり方を十分考えることが今後の復興を進めていく上でも重要と思われているようだ。

避難者を送り出す側と避難者を受け入れる側が一体となって計画をつくらなければ犠牲者が出る。だから、川内原発の再稼働の動きの中で、避難をあれほど軽視してよいのかと思う。鹿児島県知事は、10キロ以遠の避難計画をつくらないと言ったが、多数の要避難者を避難させ、いまでさえ手一杯の施設が避難者を受け入れるのは至難の業である。10キロ以遠の自治体には事故発生、避難の連絡も来ないかもしれない。

さらに、火山の大噴火の影響を考える点で、原子力規制委員会田中俊一委員長の結論は大きな問題をはらんでいる。監視し、予兆があったら、核燃料を移すなど一電力会社がやれることではない。また、地震学者集団は現在の科学のレベルでは、数年前に大噴火予測はできないと言う。これに対して、「別の地震学者は寝ないで監視してほしい」など、伝えられる内容はかみ合わず論理性がない。

福島県内全原発10基の廃炉は県民の願い

県民の大多数は「原発はもうこりごり、再稼働などとんでもない」の思いである。「汚染水処理一つをとっても自国で制御できないのに、輸出して他国でできるのか？」というのは、私も直接住民から何度となく聞いた率直な思いである。「選挙より復興優先、仮設住宅で4度目の冬」、「県民は厳しい声」（福島民報、2014年11月19日）の大見出しがあり、「自分の都合だけで解散を決め、避難者のことを考えているとは思えない」「記者会見で安倍首相は復興について言及しなかった。政治には期待できない」などが報道された。

安倍首相は何回福島に来ても説明しないし、衆議院選挙公示日に福島県相馬市で第一声を放ったが、選挙前と同様に原発・原発再稼働の話すらしなかった。このことがさらに県民に衝撃を与えた。各個人が政治に関心があるかないかにかかわらず、福島の復興の内容や早さ、そして個人の生活に政治の姿勢は直接影響するのだ。12月総選挙の結果がどうであろうと、具体的に課題が解決されなければ、住民は困るばかりである。

福島県内市町村長さんたちへのアンケートでは、3年8カ月経った11月の段階での回答は「安倍政権の原発事故対応『責任果たさず』半数」というのが1面トップの記事となっている（福島民報、2014年11月30日）。県内で原発立地の場にいる首長たちの半数というのは大きい。

県民の思いが県議会で明確になった経緯を『福島民友新聞』（2011年10月20日）が1

面トップで伝えている。6月県議会で婦人団体（新日本婦人の会）が請願したが継続審議になっていた。9月県議会企画環境委員会では、自民党、公明党が反対し不採択となったが、本会議では賛成にまわり、県民連合、共産党、自民党、公明党が一致し「全原発廃炉請願は採択」された。

県民の思いは「福島県内全10基廃炉を求める会」が代弁している。10名の呼びかけ人には、芥川賞作家で福聚寺住職の玄侑宗久さんをはじめ、宮司、元全国都道府県議長会会長、元福島県知事、二人の福島大学歴代学長、アウシュビッツ平和博物館館長（白河市）などが含まれる。学習講演会ではアニメーション作家・映画監督の高畑勲さんが講演した。福島県内全10基廃炉を求め、思想・信条・政党・宗教の違いにこだわることなく、一致できるところは幅広く共同していくという。東電は最初4基原発のみ廃棄としていたが、6基廃炉まで言い出している。残りは4基である。2016年は小泉純一郎氏の講演が予定されている。

（注：2016年2月いわき市1500人以上参加の講演会で、小泉氏は首相時代、周囲の原子力委員長、役人、新聞科学部記者など誰に聞いても「多重防護」で安全と言われ、信じていた。3・11以後勉強してまったくウソと分かり、それを信じた自分を恥じている話からはじまった。「総理が決断すれば

原発ゼロは英知を集めてできる」と話をした。次いで、玄侑住職は、小泉氏が首相時代に進めた政策に反対してきたので、いまの講演を聞くと複雑な気持ちだと率直に言いながら、政府は、福島第二原発・柏崎刈羽原発が動かないとオリンピックはできないし、余剰プルトニウム処理不能もあり必死だとし、県内全10基廃炉を目指そうと呼びかけた）

「事故はまだ収束されていない」報道

原子炉内の核燃料状態が分からず、汚染水処理も困難である。具体的にどんなことがあるのだろうか。

①11月27日には2号機の核燃料プール冷却が一時停止し、5時間後に回復（福島民報、2014年11月28日）。

②4号機は震災時には原発は停止中で、爆発で壊れた建屋の4階プールにあった使用ずみ核燃料をほかに移す作業が終了した。再び大地震が起きて倒壊すれば、水蒸気爆発し大量の放射性物質の大気中放出を懸念する声は根強かった。

③事故時に運転中だった1～3号機では、原子炉の核燃料が溶け落ち、建屋内の放射線量がきわめて高く、人が立ち入れない状況だ。建屋最上階で作業員がクレーンを操

作した4号機と異なり、主に遠隔操作となる。具体的な取り出し方法も決まっていない（福島民報、2014年11月9日）という。

④廃炉作業中にどのような汚染が起こるか心配が大きい。実際、「震度6強の地震で福島第一原発の3号機使用ずみ燃料プールが破損して水位が低下し、川内村など周辺市町村に避難指示が出た」との想定で住民も参加して、2日間訓練を実施した（河北新報、2014年11月23日）。

福島県民はいまでも爆発のあった1～4号機での事故発生の覚悟を強いられている。辛うじて事故に至らなかった第二原子力発電所4基の原発についても通常時での廃炉を強く望んでいる。すなわち、全10基廃炉である。事故後の廃炉が途方もなく困難だからだ。廃炉が終了するかもしれない数十年の間の突如として発せられるかもしれない避難指示も覚悟しておかなくてはならない。だからこそ、県民の大多数は、全国にある原発を、無謀にも再稼働する意味、危険性、展望のなさを知ってほしいと思うのだ。

さらに、2016年1月7日に内堀福島県知事が東電廣瀬社長に、福島第二原発4基廃炉を申し入れたが、答えなかったという（福島民報、毎日新聞、2016年1月8日）。事故を本当に反省し行動で示すことまでにはならなかった。福島県民の風化を期待しているのかもしれない。

もし、政府が「福島第二原発再稼働を進めた」ときには、「福島県民も認めたくらいだから、全国の原発もさらに再稼働しよう」という口実もできそうだ。オリンピックもあり、構成電源のうち、原発を20～22パーセントとするエネルギー政策では、福島を除くと約15パーセント程度で達成できない計算という。「福島第二原子力発電所4基再稼働」は、あながち架空のことでもなさそうだ。

不思議なことに、内堀福島県知事は「福島県内全10基廃炉」を安倍首相にも申し入れているが、全国の原発再稼働には、「原子力に依存しないエネルギー政策」を求めるとして廃炉については明言しない。「福島が言わず、誰が言うのだろう」という声も多い（2016年3月追加）。

3 除染後放射線汚染廃棄物をどうするのか――中間貯蔵施設とは――（2015年12月）

放射線汚染土の入った黒袋が豪雨で流出

「中間貯蔵施設」についてはあまり報道されない。しかし、復旧を進め、原発事故全体を知り、さらに再稼働の是非を考える上で、避けて通れない問題である。

2015年9月の雨は豪雨となって、常総市（茨城県）に重大な水害をもたらした。飯舘村（福島県）では、除染作業後の土や廃棄物などを詰めた黒い袋（フレコンバッグ）の一部が「仮置き場」から流失して、河川の放射線レベルが一時的に少し上昇した。

原子力発電所事故が継続していることをまざまざと見せつけられた。フレコンバッグ1袋に約1～2トンの除染廃棄物が入っている。表紙写真は全村避難中の飯舘村の仮置き場に積まれた黒い袋である。「仮置き場」に積み上げたフレコンバッグは、「中間貯蔵施設」に持ち込まれる予定である。2016年3月で1000万個あるという。

図表31　除染後放射性廃棄物処理の流れ　仮々置き場から最終処分場へ

仮々置き場（現場保管）		仮置き場		中間貯蔵施設		最終処分場
一時的に置く 家庭の庭先など仮置き場と合わせ約10万カ所	➡	まとめて一時的に置く 一定の公有地、民間からの借用土地	➡	仮置き場からすべて運び込む 減容化 30年間保存する 福島県外に運び出す	➡	中間貯蔵施設から運ばれ、搬入 30年以内に造営する予定 設置場所未定

中間貯蔵施設はなぜ「中間」なのか

原発事故で、広範な地域が放射線で汚染された。そして、人が安全・安心の生活をするために、除染作業が行われる。除染作業によって、放射線汚染された表層土、葉、側溝土や廃棄物などが集積され、どこかに保管する必要が出てくる。

除染汚染土を家庭の庭先などで保管する現場保管（仮々置き場ともいう）や狭い地域分をまとめた「仮置き場」に直接運び込む場合がある。わが家にも除染土が庭に埋められている。「仮置き場」はある程度の地域の除染汚染土を一時保管するところであり、その後運び込むところが中間貯蔵施設である。除染が進めば進むほど、必要度が高くなる。

東京ドーム3・4個分の貯蔵施設はどこにつくるのか

国は中間貯蔵施設を福島第一原発外の周辺の大熊町、双葉町に

図表 32　中間貯蔵施設の場所と周辺市町村

またがって、総面積約16平方キロにつくるとしている（図表32）。約３０００万トンの放射性廃棄物が貯蔵可能となるという。完成すれば、４トントラック７５０万台が県内を走りまわり、交通事故や交通渋滞が大きな問題となる。また、放射性廃棄物を積んだ車がすぐ側を多数通過する。う回路の検討もされている。交通事故が起きれば、汚染物質をまき散らす危険がある。

この中間貯蔵施設に、放射性セシウムが１キログラム当たり10万ベクレル以上の焼却灰、廃棄物を専用容器に入れて建屋内で保管し、10万ベクレル以下は、建屋内に埋設する。

自分の住む町に放射性廃棄物が敷き詰められる東京ドームの約３・４個分に相当する区画が出現するのである。その区画の傍で、どのように生活しやすい、楽しい町づくりができるだろうか。住民の方はもちろんのこと、誰もが、もし原発事故に遭遇し、この事態に直面したら、どんな生活をしようと考えるだろうか。

国が双葉町・大熊町と協定

環境省による計画策定は2011年からはじまった。当時の石原伸晃環境相の「最後は金目でしょ」という言動も記憶に新しい。中間貯蔵施設をつくるに当たっては、過酷事故を起こした場所に、事後処理をする施設をつくるのは反対という意見が多く見られた。自治体・住民は割り切れない思いである。了承したのは、除染廃棄物問題を解決しないと、福島県内、自分の町の復興が進まないと考えたからだ。国と双葉町と大熊町が交わした協定内容は、環境省のホームページで、以下のように示されている。

①施設の確保および維持管理は国が行う。
②仮置場の本格搬入開始から3年程度（平成27年1月）を目途として施設の供用を開始するよう政府として最大限の努力を行う。
③福島県内の土壌・廃棄物のみを貯蔵対象とする。
④中間貯蔵開始後30年以内に、福島県外で最終処分を完了する。

中間貯蔵施設なのに最終処分場はない

国が土地を買い取るということは、永久的に使用するということである。放射性汚染物質を蓄積し、保持している町となれば、放射能汚染の町として風評が定着し、復興のための土地利用が進まず、発展が見込めないと反対の声が上がった。

国はあくまで中間貯蔵施設として、一時的なものと言い続けてきた。しかし、住民の信用は得られていない。国は協定を結ぶため、30年以内に「県外」に「最終処分場をつくる」として、2014年に法律を制定した[1]。法を適用すれば、福島以外の都道府県が「最終処分場」を受け入れることになる。

法に定められたことを〝空約束〟と考える県民も多い。なぜなら、新たに、放射線を含む汚染物を引き受ける住民・自治体が出てくると考えにくいからである。30年経てば、放射線量は減衰低下するが、全国の住民はどう受け取るだろうか。

中間貯蔵施設容認の経過

国は中間貯蔵施設を受け入れさせるために、2014年9月に福島県知事に了承させ、次いで、大熊町（２０１４年12月）と双葉町（２０１５年1月）の町長に了解・容認させた。いずれも〝苦渋の判断〟という。ご苦労されているなと思う半面、住民の声はどうなっているのかと心配になった。

双葉町は面積の96パーセントが帰還困難区域、４パーセントが避難指示解除準備区域に指定されている。

２０１５年10月現在の人口は６２００人（住民票があるだけで、町には誰も住んでいない）で、事故後12パーセント減少している。町民は38都道府県、計３００以上の市町村区に分かれて、県内58パーセント、県外に42パーセント避難している（河北新報、２０１５年11月４日）。

こういう実態なのに、安倍政権は何ごともなかったように、或いは、「もし事故が起きたら、万全の手を打ちます」と言って、再稼働を進める。

東電が調査しようとしても、過酷事故を起こした原子炉は、１時間で人間が死ぬ放射線量で近づけない。

首相といっても人間である。人間の手に余る放射線に対して、安倍首相はどんな「万全な手」を打つのだろうか。仮設住宅に長く入居することなく、生業を失わず、健康被害におびえることなく、原発事故関連死に至らないための、どんな策があるのだろうか。素朴な疑問である。原発事故の芽を完全に摘むことが、「万全の手」ではないだろうか。

中間貯蔵施設受け入れ容認まで、地権者を含めた住民への説明は十分なされたのか。その結果はどうだろうか。

中間貯蔵施設受け入れ設容認後1年経ってどこまで進んだか

福島県が中間貯蔵施設受け入れ表明後1年目を迎える。地元紙が「めど立たぬ本格稼働」というタイトルで状況を解説。用地交渉が難航しているのだ。一部を紹介する。

国への根強い不信がある、大熊町の71歳の男性は、「国は同じ説明を繰り返すだけ。こちらの話なんか聞く気ねぇんだ」、「国の説明会で担当者の事務的な話しぶりに耐えかね、途中で会場を出た」、「これでは信頼関係も何もない」。

周辺地域の放射能は依然高く、入れば線量計の警報が何度も鳴り出す（注：帰還困難区域なので特に高い）。先祖代々の墓や遺骨も汚染されて持ち出せない。…試験輸送で運ばれてきた汚染土・廃棄物の入ったフレコンバッグ（黒い袋）がうず高く積み上げられる。「この光景を見て、もうここに住みたいとは思わないでしょう」と津波を間一髪で逃れた68歳の妻が苦笑いした（福島民報、2015年8月31日）。

用地売買契約成立は地権者の0・4パーセント

用地交渉が難航している。2015年8月末の記事から1カ月経ち、環境省が除染の在り方などを定めた特措法見直しの有識者会合で、用地契約に至った割合を明らかにした。

「2015年8月末の段階で中間貯蔵施設の用地契約に応じたのは9件で、登記上の地権者約2400人の0・4パーセントにすぎないことが分かりました。…中略…これらの袋を運び入れる中間貯蔵施設の建設がほとんど進んでいない実態が改めて浮き彫りになりました」

福岡大学名誉教授・浅野直人座長は「政府を挙げて、もっと真面目に考えてやらないといけない」（テレビ朝日、2015年9月25日）。

内訳は次のとおりである（福島民報、2015年6月27日）。

①土地・建物所有者は2365人

②そのうち、説明を継続している地権者は1220人

③連絡がつかない地権者は1150人（うち死亡者800人）

子どもさんを津波で失くし、思い出の積もる家を手放したくない方や土地登記が複雑な

方もおられるだろう。地権者にはさまざまな思いや事情があり、用地確保は難しい。

中間貯蔵施設の建設が遅れ、さまざまな影響が出ている。除染後の汚染土を現場保管している「仮置き場」は、現在、約10万カ所あるという。

国は、各市町村から「仮置き場」に運び込むのは3年後と約束した。除染開始の時期、汚染廃棄物の「仮置き場」がなかなか決まらず、除染作業が進まないケースも多かった。

中間貯蔵施設の性格

当初、中間貯蔵施設候補となる土地は国に売り渡すのではなく、30年借用形態の希望もあったと報じられた。しかし、国の買い上げとなり、所有権が住民から国に移る。結局、一種の土地取り上げとなった。事故がなければ、まったく望んでいない結果である。

中間貯蔵施設ができると、所有者が個人から国に移って建物ができるというだけではなくなる。その地域社会の土地に、施設ができるのであり、周囲の土地の利用が限定される。周辺の土地価格は低下する。

中間貯蔵施設予定地内の土地所有者には土地代が払われるが、周辺土地所有者には、道路一つ隔てた場所に自宅があっても支払われない。住民は複雑な思いから、金銭について話もしたくなる。いかに気持ちよく住めるかが問題なのである。

中間貯蔵施設がもたらすもの

福島原発事故後4年半を経て、国民は事故の実態と原発の危険性を認識しているようだ。再稼働実施後も、世論調査では「再稼働反対」は約6割である（日本世論調査会：東京新聞、2015年9月20日）。政府は多くの国民の反対を押し切って原発再稼働を進めている。原子力規制委員会では、規制基準の適合性だけが審査されている。基準そのものが〝世界一厳しい〟とは決して言えないこと、住民の避難計画が審査対象にならないこと、避難対策の実効性が見えにくいことなど、問題は山積みである。

高濃度放射線廃棄物処理場計画が必要

〝人間の避難計画〟に加えて、〝放射線汚染による廃棄物処理計画〟も必要だろう。事故が発生すれば、放射線汚染が広範囲に起こる。汚染の程度は爆発の程度や風向によるが、処理しなければならない汚染廃棄物は必ず生成される。そのような場合、最終処分場の打診があったら、住民と自治体はどう考えるだろうか。

福島からの情報発信は、30年以内につくられる予定の福島県以外の「最終処分場の受け手」を少なくするかもしれない。それをあえて発信するのは、福島原発事故後4年8カ月後の過酷な現状とそれぞれの人の今後が見えないという、原発事故の厳しさを知ってもらいたいからだ。〝被災者に寄り添う〟と言いつつ、安易に原発再稼働判断を「決定」する、あるいは、〝意識的に曖昧にする〟立場の人びとにも知ってほしいからだ。

原発事故は「想定外」と言い訳されたが、福島事故が起こって「事故は起こる」が実証された。それに伴って、「除染後放射線汚染土・廃棄物処理場が必要」は想定外ではなくなった。もし再稼働受け入れと絶対事故が起こらないと言っているわけではないことを認めるなら、最低でも、「広範囲地域の実効性ある避難計画」、「除染土・廃棄物保管・処分場計画の確保」の審査は必要である。事故により健康・生活・人生の設計そのものを狂わされるのは住民である。

〔参考文献〕

1）環境省、「放射性物質汚染対処特措法に基づく廃棄物処理について」、平成26年4月

図表33　裁判官による原発被害地域の検証

富岡町での検証を終え、居住制限区域にある夜の森地区の桜並木を歩く福島地裁の裁判官や原告、被告双方の弁護団ら。（説明文を含め、福島民報、2016年3月18日付）

4 裁判官によるはじめての現場視察・検証（２０１６年４月）

２０１６年３月17日、福島地方裁判所の裁判官３人が帰還困難地域を広く含む浪江町・富岡町・双葉町などを視察に訪れた（図表33）。この３町は、大熊町も含めて全域が避難指示区域で、人口ゼロである[1]。福島の地方２紙では一面トップの記事だった。

裁判は進行中で、判決が出たわけではない。全国的には、大きく報道されなかったかも知れない。福島原発事故に関して多くの裁判があるが、裁判官検証ははじめてのことであり、全国で行われている裁判に今後影響を与える可能性があるので、紹介したい。

なぜ裁判官が視察したのか

裁判官の視察は、「『生業を返せ、地域を返せ！』福島原発訴訟」の裁判の過程で現場検証として実施されたものである。生業裁判の内容については、2015年11月に支援状況も合わせて紹介した（第4章1節）。

この裁判は福島県ばかりでなく、放射線汚染のあった地域の住民3855人が原告となった。国と東電を相手に、事故の責任を認めること、空間放射線量を事故前のレベル0.04マイクロシーベルト／時間に戻す「原状回復」、および損害賠償を求めている。

2013年3月11日に福島地方裁判所に提訴し審理が進む中で、原告弁護団は裁判官に対して、「福島原発事故の現状を見てから判決を出してほしい」と強く要望していた。しかし、国側および東電の弁護団は、判決を出す上で、「書面と写真で十分」として、現地の検証は必要ないと強硬に主張した。金沢秀樹裁判長、西村康夫・田屋茂樹裁判官はともに視察を認めるようすもなく、判断が下されないでいたという。

これまで16回の口頭弁論があった。2015年10月に開かれた裁判の報告集会の際、

図表 34　裁判官による原発事故避難区域の検証状況と意義を伝える報道

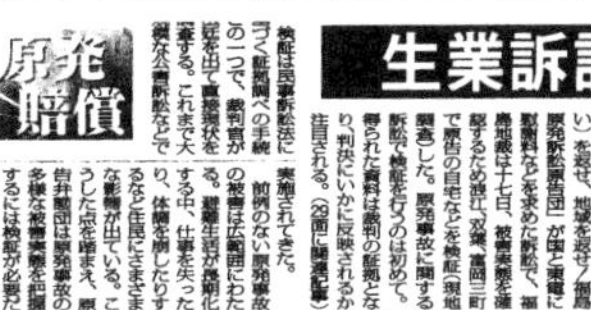

福島民報
2016（平成28）年 3月18日 金曜日

生業訴訟

地裁が避難区域 検証

浪江、双葉、富岡 被害の実態把握

判決への反映注目

原発賠償

「心こもった判決を」

生業訴訟検証

古里追われた悲しさ、つらさ

避難者 切々訴

弁護団「実現大きな成果」

福島民報　2016 年 3 月 18 日

「裁判長が視察を認めるような発言をした」と弁護団報告があった。次いで、2015年11月17日から福島地裁で本人尋問がはじまった。「原告側は裁判所に被災地の視察など現地での検証をあらためて求めたのに対し、金澤裁判長は、来年3月に浜通りで検証を行う考えを示した」と報道された（河北新報、2015年11月18日）。

これらの裁判の経過の中で、裁判官の現場検証が実施されたのである。このような状況を反映して、「被害の実態把握」と「心こもった判決を」と一面トップ記事になった（福島民報2016年3月18日）。

この検証は、民事訴訟法に基づく証拠調べの一つであるという。得られた資料は裁判の証拠となり、判決にいかに反映されるか注目されると各メディアは述べている。

検証団は何を視察したか

この裁判証拠調べには、福島地裁の裁判官や原告の弁護団が参加した（図表33）。反対していた被告の国・東電の弁護団も（不本意ながら？）参加し、弁護士さんの話では、総勢80人くらいだったという。

浪江町には原発はなく、町のほとんどが帰還避難区域になっていて、さらに居住制限区域と避難指示解除準備区域がある。富岡町には東電福島第二原発があり、帰還避難区域、居住制限区域と避難指示解除準備区域がある。双葉町もほとんどが帰還避難区域になっていて、少ない面積の避難指示解除準備区域がある。

浪江町の畜産農家佐藤貞利さん（68）は原発事故で、飼っていた牛150頭を置いたまま避難した。ほとんどの牛は飢えて死に、生き残った牛も多くは殺処分した。原発事故から5年経ったいま、自宅は居住制限地区になり、荒れ放題となって、40年近く営んできた畜産はできなくなった（福島民報、２０１６年3月18日）。

２０１７年3月には居住制限区域避難指示を解除し、賠償を打ち切るので、早く自立し、帰還してくださいというのが、政府の復興計画である。避難指示解除後、佐藤さん一家は、浪江町に帰れるのか、どんな生活ができるというのか。

「裁判官は、ＪＲ双葉町から荒廃した店が並ぶ商店街を歩き、帰還困難区域の原告宅を訪れた。福島第一原発から北西約４キロの位置で、自営業を営んでいた福田祐司さん（67）の自宅前に近づくと、裁判官らが持っていた線量計の警戒音が一斉に鳴りはじめた。福田さんは自慢だった庭園や、動物に荒らされた自宅のようすを説明した。裁判官らは放射線量が高く、原則立ち入り禁止となっている住宅内部の被害状況を確認した」（福島民友、２０１６年3月18日）。これが検証内容である。近くに住んでいた福田さんの同級生はばらばらに避難している。なじみの商店街には人がいない。「町全体の雰囲気を感じてほしい」という（福島民報、２０１６年3月18日）。

写真でみる検証団

帰還困難区域は柵で囲まれ、許可なく入れない。家族はその都度申請し、許可を得て入ることができる。自宅に住むどころか、入る自由さえないのが、原発事故だ。憲法第22条「何人も、公共の福祉に反しない限り、居住、移転および職業選択の自由を有する」を守ることができない状態である。

帰還困難区域に入るので、裁判長はじめ検証参加者は白い防護服で全身を覆っていた。東京新聞は、検証に向かう福島地裁の裁判官ら検証団全員が真っ白な防護服をまとっている真正面からの写真および内容を紹介している（２０１６年3月18日）。『福島民報』の写真の説明には、富岡町での検証を終え、居住制限区域にある夜の森地区の桜並木を歩く福島地裁の裁判官や原告、被告双方の弁護団らとある（２０１６年3月18日）。

その中で白い防護服を脱いで黒い服になっているのは、国と東電の弁護士の面々だという。通りの右側は帰還困難区域で、歩いている道路は居住制限区域だからだそうだ。原発事故の影響が小さくなったことを見せたいのがその本心のようだ。後日、同行した原告住民側の弁護士さんが笑って言っていた。

居住制限区域は、年間20ミリシーベルトを下回るのに数年かかる地域で、立ち入り、一時帰宅は可能だが、宿泊はできない。富岡町夜の森地区の桜並木は桜の名所で知られ、町民はさくらトンネルの並木道でお花見をするのが恒例だったという。

避難生活が続き、町民も桜並木を見ることを待ち焦がれている。こんな簡単な日常生活が何年もできなくなるのも原発事故のせいだ。満開時に、あちこちに避難している町民が貸し切りバスに乗り、桜並木を通過し、バスの窓から見る一瞬の花見をしたという昨年春のニュースを思い出した。

裁判の行方

今回の福島地裁の裁判官による現地での裁判証拠調べは、太平洋に面した浜通りの原発立地で行われた。次回は、東北新幹線が通る、原発から60キロ離れた中通りにある福島市などの、避難者が住む仮設住宅で行われる予定という。

弁護団は「大きな成果」と視察を評価している。しかし、裁判官が現地で証拠調べをしたからといって、原告住民側に有利な判決が出るわけではない。原告・住民は、本来の居住地、避難地、家族構成、職種、被ばく度なども異なり、裁判官が個別状況を十分理解した上で、判決するかも不明だ。

「検証」がほかの裁判でも採用されれば、表面上の言葉だけでなく実態に基づいた司法

図表35　東電福島第一原発事故被災者に関わる集団訴訟が行われている裁判所と原告数

裁判所	件数	原告数	
		世帯	人数
札幌	1	74	250
仙台	1	32	79
福島地方	2	α	3,905
福島（郡山支部）	1	32	117
福島（いわき支部）	2	151＋α	2,053
山形	1	202	745
東京	5	326＋α	1,344
横浜	1	61	174
埼玉	1	13	46
千葉	1	18	47
前橋	1	43	137
新潟	1	209	711
名古屋	1	36	114
大阪	1	80	221
京都	1	53	144
神戸	1	29	83
岡山	1	39	103
広島	1	11	28
松山	1	6	12
福岡	1	15	40
合計		**1,430＋α**	**10,353**

世帯数のαは不詳を表す。「『生業（なりわいを返せ、地域を返せ！』福島原発訴訟団」事務局が2016年3月に作成した資料を整理して作成。原告人数の多い福島地方裁判所関係は個人参加で世帯数が入っていないので、全体の世帯数が見かけ上少なくなっている。

の判断ができるようになるだろう。その点で大きく足を踏み出したといえよう。

全国の住民集団訴訟

東電福島第一原発事故被災者に関わる集団訴訟はどれぐらいあるのだろうか。主な訴訟は図表35のとおりである。

全国20裁判所で、２０１２年12月から提訴がはじまり、１万３５３人が原告となっている。まだ判決が出た裁判はない（２０１６年12月現在）。原告は、避難指示区域からの避難者および自主避難者（避難指示が出されていない区域からの人、福島市、郡山市など）であり、避難する原因・動機も異なる。避難が長期化し、生活・経済・教育・健康・将来や人間関係などの面で、避難者ばかりでなく、地域社会に大きな影響を与えている。このような状態を引き起こした原因・実態を踏まえた的確な早期の判決が期待される。

各地の裁判が進行するとき、現地での裁判証拠調べは、実態と特徴を明らかにし、被災者救済と原発をどうするのかの判断に有用と思われる。

福島原発事故の東電の責任を問う裁判

これまでは福島原発事故の被害救済の裁判を紹介した。その裁判では被害者への賠償とともに、国と東電の責任を明確にすることを目的に行っている。

もう一つの裁判は、東電の責任を直接問う裁判である。２０１６年2月29日に、東電元会長、二人の元副社長に対する「強制起訴」が東京地裁になされた。

これだけ甚大な事故を起こした会社の経営責任者が、何も責任を問われないのはおかしいではないかという普通の国民感覚で起訴された。原発事故の刑事責任が法廷ではじめて判断されるのである。

起訴内容は、「想定される自然現象で発電所の安全性を損なう恐れがある場合、適切な防護措置を講ずる業務上の注意義務があった」(起訴内容から、東京新聞、2016年3月1日)。それを怠ったことにより、大事故になった。直接的な責任として、事故の結果避難せざるを得なかった人びとの中から死亡者を出させ、原発関係者を負傷させたことを挙げている。

なぜ強制起訴か、これまでの経過

福島原発告訴団(2012年6月発足、武藤類子団長)が業務上過失致死障害容疑などで告訴・告発したのは、2012年6月である。しかし、検察は裁判にはしないとした。告訴団は検察審査会に審査を申し立て、検察審査会は裁判にすべきとしたが、検察は再び裁判にはしないとした。

その後、検察審査会が「裁判をして幹部の責任があるかどうか裁判をすべし」と決定した。2回の検察不起訴を経て、強制起訴に至るまで3年10カ月を要している。

「根源的原因は人災である」(『国会事故調 報告書』、徳間書店、2012年)が、みかけ上、自然災害に伴って起きた大規模災害で、個人の責任を問うのは難しい法律になっているので、刑事責任追及は厳しいという。

課題とゆくえ

東京電力の元幹部が事故前に、

①津波の大きさ想定をどの程度にしていたか、

②津波対策で事故を防げたか、

③どのような情報を得たか、「想定外」となるような情報しかなかったのか、

④どんな地震対応策をとっていたのか、

⑤津波対策など原発の安全対策をとることと経営上利益を追求することとはどのような関係にあったのか、

などが問題となろう。

これまで検察が保有していて、表に出していない資料が法廷に提出される可能性があるという。たとえば、津波が最大15・5メートルになるとの試算を元副社長に説明した際の説明資料などである（東京新聞、2016年3月1日）。

強制起訴した検察官役の指定弁護士は、保管している証拠約4000点の一覧表を東電側の弁護士に渡した（東京新聞、2016年3月1日）。さらに全証拠を公開するよう日本弁

護士会は求めているという。

多くの人びとが東電福島原発過酷事故によって、生活および人生を狂わされた。起きた事故の責任を明らかにし、今後の事故防止に有用な審理が行われ、教訓を明らかにすることが、せめてもの〝心の安寧〟になる。

〔参考文献〕

1）佐藤政男「福島のいま（その28）原発事故が起きるとどんな社会になるか」『新しい薬学をめざして』vol45. no2. 29-35. 2016.

第5章

福島事故現状から原発再稼働を考える

1 川内原発の再稼働は福島の教訓を生かしているか

（2015年9月）

国・九州電力は川内原発を再稼働した

東日本大震災後の4年5カ月目となる2015年8月11日に、九州電力は川内原発1号機（鹿児島県薩摩川内市）の原子炉を再稼働させた。福島の人びとにとって、〝よりによってなぜ月命日に再稼働をするのか〟と憤る声が強い。毎月11日は特別の日だ。

一方、環境省が中間貯蔵施設に除染廃棄物をはじめて搬入し、実績をつくろうとしたのは2015年3月11日だった。国は〝なぜ、3月11日か〟との県民の怒りに押されて搬入日をずらした。電力業界と安倍政権は再稼働を進める実績・突破口として川内1号機を用いたと考えられる。いずれも「福島県民に寄り添って」の言葉が空虚に伝わる。

全国的には1年11カ月間「原発ゼロ」である。節電、電力需要量低下などにより、猛暑の夏期期間でも安定的電力供給が余裕をもって可能なことを実証した上での再稼働に、国民は納得していないとの報道も多くあった。問題は何ら解決されていない。

「安全の監視・監督機能の崩壊」から脱していない

川内原発再稼働にあたり、原子力規制委員会は、火山学者の巨大噴火予知は不能との意見や医療・保育・介護などの関係者による避難計画が未整備であるとの批判を振り切って、基準に合格とした。しかも、田中俊一委員長は「事故がないとは申し上げない、規制基準に合格しただけだ」という。再稼働の責任、事故責任の所在は政府か、九州電力か、原子力規制委員会か定かでない。安倍首相は「再稼働を進めるのは政府の方針だ」と言い、菅官房長官は「一義的には電力会社の責任だ」と言う。

2011年3月11日に起きた東電福島第一原発の過酷事故について、国会事故調査委員会は2012年7月に、「規制当局は事業者の虜となり、安全の監視・監督機能は崩壊していた」と報告した。科学者の提言、国民の心配・反対を無視して、安全神話によって強引に、漫然と稼働していた結果、大事故に至ったとした。

福島県民は、福島の現実から再稼働は考えられないが、全国の人びとの思いも共通すると思う。国会事故調査委員会が強く主張した「福島事故の教訓を生かしているか」という観点から、福島原発事故の4年5カ月後を、簡潔に整理しておきたい。

事故原子炉内の状況がいまも不明

もっとも深刻なのは、原子炉の中で溶け落ちた核燃料の状況が4年半経っても、まったく分からないことである。各原子炉の放出放射線量は近づけば死に至る程高いので、東電は、原子炉内にロボットを送り込んでいるが、そのロボットが炉内の高エネルギーに次々と討ち死にしたという。

東電は2015年3月に名古屋大と共同で、宇宙線ミュー粒子で2号機の原子炉を透視した。ミュー粒子は本来の核燃料設置部を通過し何もなく、炉心溶融が起き、核燃料は底部に落ちていることを明らかにしたが、溶解核燃料の状況は不明だ（日本経済新聞、2015年3月23日）。福島の原子炉内の状況が不明で、廃炉の糸口もつかめず、事故の原因、影響も分からないまま、原発を再稼働したのである。

福島事故は解決の見通しがつかない汚染水処理問題を生じさせた

原子炉冷却に海水を使用するため、東電福島第一原発も海沿いにつくられた。いまでも、山側から毎日400トンの地下水が、破壊された原子炉建屋を通り、放射線汚染水となってそのままでは海側に流れる。

最近、東電福島第一原発を視察した知人によると、東電の最大の関心事は、汚染水をくみ取ってタンクに集め、放射線を除去し、トリチウムが残存しても薄めて海に放流することだと言っていた。

構内には汚染水タンクが約1000基あり、敷地内を見渡せないほどだという。以前、汚染水漏れを起こしたタンクをどうしているか質問すると、東電担当者は傾けて使用していると言っていた。

東電は、毎日増大する汚染水を防ぐため原発周囲を凍らした「凍土壁」をつくるとして専門家の反対を押し切って、まず、建物の山側に凍土壁をつくった。2015年4月に完成し、凍結作業をはじめたが3カ月経っても凍らない部分がある。

さらに、建屋の海側には、高濃度放射線汚染水が貯まっているサブドレインがある。サブドレインは原子炉からの配線などが通っているので、凍土壁はつくれない。このため、これまで原子力規制委員会の海側凍土壁の作成許可はおりなかった。

「ようやく許可がおりたが、技術的にうまくいくかどうかは不明だ」というのが2015年8月4日のNHKのローカルニュースである。

図表36　自ら命を絶つ人の増加状態が持続する福島県

岩手、宮城、福島における震災関連自死者数の変化

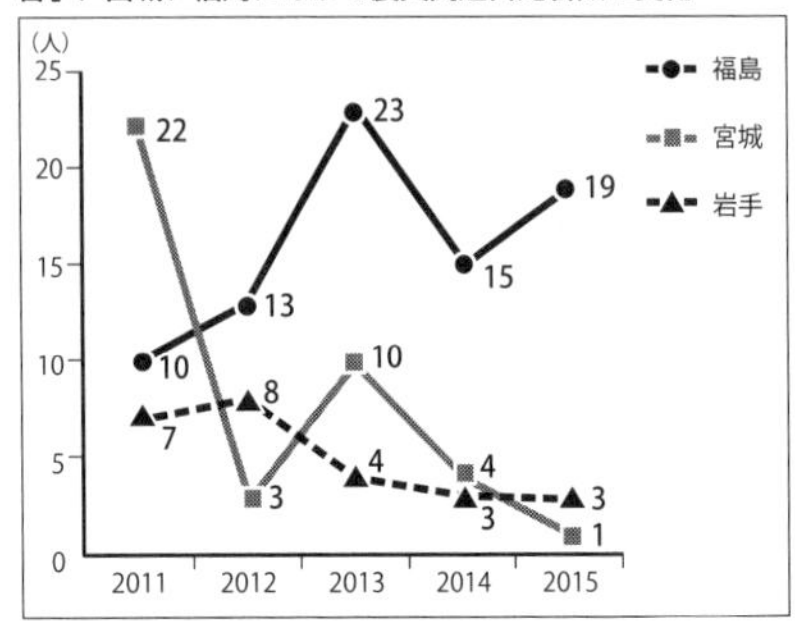

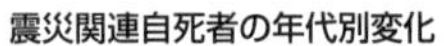
震災関連自死者の年代別変化

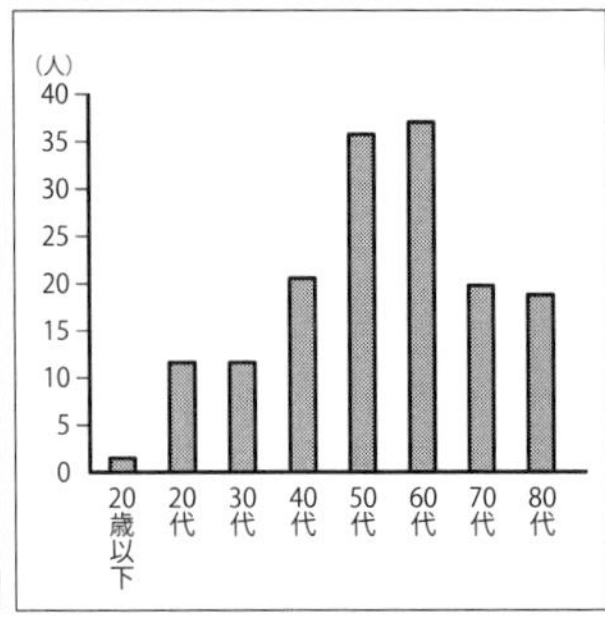

内閣府、最新の震災関連自殺者数、2015（平成27）の自殺者数について2015年11月まで。

- 震災関連自死者は、福島では年が経過しても多い。岩手、宮城は減少している。福島では対策が必要である。尚、人口は宮城が約233万人、福島が約191万人、岩手は約128万人で人口の多数によらない。
- 5年間の自死者総数では、福島県が多く、宮城県の2倍、岩手県の約2.3倍である。

原発事故は未来を絶望させ、原発関連自殺死を増大させる

人びとの心身の健康への影響はどうか。東日本大震災の被災3県（岩手、宮城、福島）では多くの方が犠牲となった。地震、津波による直接死は宮城、岩手で多かった。震災関連死も発生している。

しかし、自殺された方は岩手と宮城では初期に多かったがその後減少している。これに対し、福島では増加した状態が続いている（図表36左）。被災者は岩手、宮城では比較的近い場所に避難している。しかし、福島では放射線を避けるため自宅から数十〜数百キロ離れた、気候、風土

の異なる土地へ避難し、人びととの交流がない。孤独やさまざまな不便を感じながら暮らしている。現在の家族生活を支える50代、今後の生活を考える60代の自殺者が多い（図表36右）。本人の苦しみとともに家族の生活・精神・経済にも困難をもたらす。

自殺の原因を正確に知ることは困難だが、東電・国に抗議の意思を示す場合や今後を悲観し絶望感による自殺も多いという。飯舘村の102歳の男性が、2011年5月に全村避難を告げられた翌日に自死した。2015年7月になって、息子（故人）の嫁さんが「生まれ育って生活した村から避難するのを嫌がった。天寿をまっとうすること（権利）を奪われた」として東電の責任を提訴した。

直接死を上回る原発震災関連死

海沿いの市町村では津波による多くの死者を出し、放射線被ばくを避ける避難命令のため生存可能性の中で捜索を諦めた例もある。さらに津波による直接死を上回る原発震災関連死が出ている。地震・津波による直接死より原発震災関連死が多くなり、2000人を超えた（図表23）。

図表 37　市町村の原発震災関連死と地震・津波による直接死

震災関連死が福島では急増
宮城・岩手は横ばい

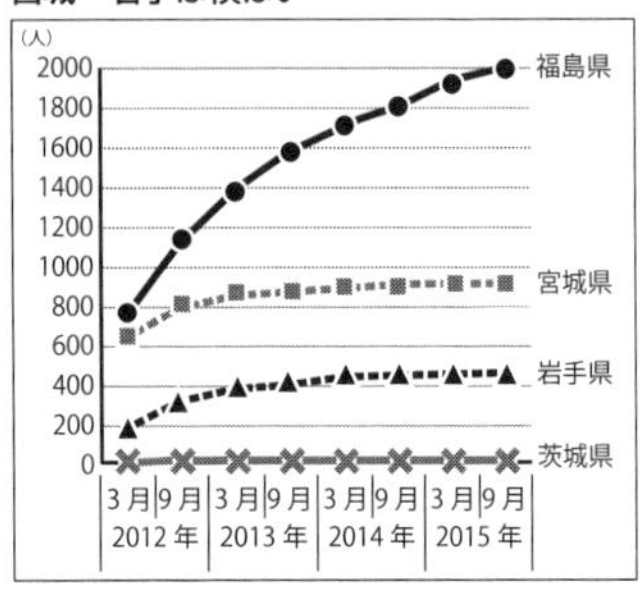

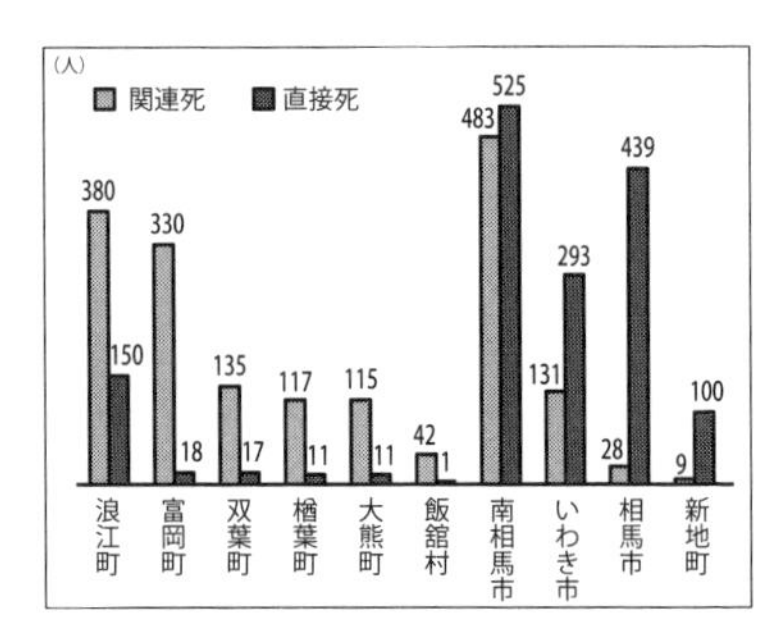

●左図：復興庁、震災関連死の死者数等について、2016 年 2 月 1 日現在。
●右図：震災関連死は避難途中や避難先で死亡し認定され、災害見舞金が支給された死者。直接死は地震・津波による死者。福島民報 2016 年 2 月 9 日（2 月 8 日現在）から抜粋し作成。

グラフが示す特徴	
左図：岩手、宮城、福島の特徴	右図：市町村別
●震災関連死は福島では震災 1 年後から関連死が急増を続けている。 ●宮城・岩手は震災直後に増加したが、その後横ばいである。 ●福島県が 2015 年 12 月 28 日現在で公表した死者は 2007 人に上る。 ●岩手、宮城は直接死が多かった。	●避難指示区域のある市町村は、直接死より関連死が顕著に多い。 ●南相馬市は関連死、直接死ともに多い。 ●指示区域がない市町村は直接死が多い。

「原発事故さえなければ」の思いは強い

長期避難による、心身へのストレス負荷蓄積の影響は複雑だ。県内の自治体の死亡者を図表37右に示した。帰還困難区域を抱え、全町民避難し帰還時期がまだ不明な浪江町、富岡町は特に原発震災関連死が多い。

南相馬市は、事故当初は屋内退避地域と指定され、現在はさまざまな指定の避難地域を抱え、関連死は多い。

「屋内退避」は川内原発避難計画の中にも無造作に入っている。住民は長期間どのような被ばくを避ける屋内退避生活をすればよいのだろうか。

福島原発事故は病的な人を増大させ、医療施設を壊した

福島原発事故は、ストレスによる生活習慣の乱れや心の苦悩に対する医療体制不備を増大させた。原発震災関連死を引き起こす、メンタルヘルスケアに関して福島県立医科大学会津医療センター精神医学講座の丹羽真一特任教授の詳細な報告と提言がある。

原発事故直後に、原発から30キロ圏内で、国の避難指示によって精神科病床をもつ5病院は、入院患者８００名を山形県など周辺県の病院へ強制的に転院させた。このうち３病院は閉鎖したままである。

再開した病院でもベッド数の半分の患者しか受け入れられない状態が続いている。理由は、働き盛りの看護師を確保できないからである。子どもがいて、避難している看護師は帰還していない。

国は空間放射線量の半減期にともない、また、除染により低下したことを理由に、帰還を急ぎ、事故収束にしたいようだ。しかし、避難家族は、避難先でつくってきた生活、学

校、友人や仕事がある。避難者が帰還することになる被災地には、ホットスポット（放射線量が局地的に高い所）も多くある。そこには子どもたちが遊び生活する場所がある。住民は、爆発し脆弱化している原子炉や使用ずみ核燃料が、廃炉作業過程や地震等によって再び放射線を降らせる可能性を恐れている。いまでも震度3～4の地震は数多い。国や東電の事故への対応能力のなさ、情報隠し、汚染水漏れなど、放出された放射線を物理的にも、社会・政治的にも制御できていない状況に心配はつきない。

避難計画は重要である

再稼働した川内原発では、避難計画が10キロ圏内でしかつくられていない。しかも、受け入れ病院、医療施設らと密に連絡を取って作成したようすはうかがえない。10～30キロ圏では、事故が発生したら、屋内待機させ、その間に避難先を探し、調整すると環境大臣はいう。軽く、書類上でつじつまを合わせても現実には役に立たないだろう。屋内待機指示がはじまった南相馬市では、物資が運ばれず、生活の困難を極めたという。運搬トラックなどが、運送を拒んだからだ。

原発事故は、発症患者ばかりでなく、「心に問題を抱える人」を多く生みだす。丹羽教授はそのケアのために、世界的な支援を得ながら、さまざまなＮＰＯ法人や医療組織を立ち上げて、懸命にメンタルヘルスケア事業を展開している。

原発事故の経験から、あらかじめ体制を整える避難計画が必須であることと、避難させる側と受け入れる医療側のマッチングが必要であることが分かっている。

丹羽教授は、現在は主に福島県全体の病院医療の責任者として、福島県内の医療体制再構築に全力を挙げながら、精神科教授を兼務している。わざわざ人口が少ない場所を選んでつくった原発の周辺には医療施設は少ない。ギリギリの状態に追い込まれている原発周辺地域の医療・介護の施設や人員が、遠方に避難が必要な原発事故で状況が一変したとき、対応可能か憂慮している。

避難者に名前、病名、飲んでいる薬を尋ねても答えられず、「身体を温めて」という程度しか対処できず死亡に至った患者、引きこもっていた人が体育館に強制避難し、ストレスのため暴力的になって一時的に入院が必要だったが、受け入れ病院がなかった例があった。

丹羽教授は、これらのことから

①拠点医療施設の設定。

②多職種の医療者が結集できる体制。
③お薬手帳の携帯。

などを提言している。原発事故では、広域にわたる多数の患者・要介護者を速やかに避難させ、一度に受け入れる必要がある。

鹿児島県知事が、10キロ圏以外の避難計画を策定ができないのは、その実態・むずかしさを表しているのだろう。川内原発再稼働は福島事故の教訓を生かしていない。

東電が賠償しないために、再建に努力していた病院が倒産し、医療者を全員解雇しなければならなかった。原発事故は、医療施設が少ない原発設置地域の医療体制を壊すことを加速させた。

労働者の確保・健康問題

廃炉作業のため7000人の労働者が要るという。知人が東電福島第一原発構内を視察したときのことを話してくれた。労働者がバス待ちをしていた場所のモニタリングポストの値は、13・9マイクロシーベルト／1時間だった。その場で、労働者は作業時に身に付ける線量計を返還してしまっている。通勤時、待ち時間中の被爆は個人線量にはカウントされないだろう。
彼が持参した線量計で、爆発した3号機と建屋が爆発した4号機の付近で、50〜60マイクロシーベルト／1時間（非汚染地域では、約0・05マイクロシーベルト／1時間）だったという。

原発労働者の被ばく線量を、「5年間で100ミリシーベルト、1年間で50ミリシーベルト以内」から、「5年間で250ミリシーベルト」に変更した。通常の廃炉作業と異なり、事故後の廃炉作業は作業員が制御できない放射性物質に被ばくする機会が多い。上記の被ばく量を超えると、原子力関係の仕事ができなくなる。つまり、基準緩和は作業員を確保するためでしかないのである。

重要なことは健康影響である。原発事故が起きたら、基準値を変えて辻褄を合わせることに納得できない。〝復興支援のオリンピック〟ですでに人材不足、資材不足があり、福島県の事業に対する入札率はきわめて低く、使いきれていない復興予算が残っている。

廃炉作業や新再生エネルギー創出には、地元で長期間働く場、働き手が必要である。そもそも、再稼働で新たに生成する使用ずみ核燃料処分や廃炉作業で出てくる高濃度放射性物質を含む廃棄物をもっていく場所が決まっていない。特に爆発して制御できない超高濃度汚染廃棄物の処理は困難だ。

加えて汚染水漏れは頻繁に起こっている。最近では、汚染水を流しているビニールホースに穴があき、水漏れが起こったこと、その影響で原発の港湾内の放射性物質濃度は過去最高に達したと報じられた（ＮＨＫ、２０１５年5月30日）。

事業再開ができないのに賠償打ち切り

福島県商工業者連合会の調べによれば、地元に戻って再開している業者の割合は低く、17パーセント程度である。多くが地元以外で事業を再開しているか、事業を中止している。双葉郡全体では、それらを含めて事業所再開は、52パーセントである。立ち入ることのできない帰還困難区域があり全町避難をしている、浪江町や双葉町では35～39パーセントと4割以下である。損害賠償を得てようやく営業し生活している状況である。

原発事故で影響を受けた商工業者は、懸命に事業所を再開している。避難指示解除準備区域・居住制限区域では、立ち入りはできるものの、お盆期などを除いて夜間宿泊はできないので、避難住所から通って事業をしている。しかし、住民が帰還していないので購買者が少なく商売が成り立つか、働き手が見つかるか見通せない。

国・東電は、避難指示解除準備区域・居住制限区域は２０１５、２０１６年の２年間は自立に向け、集中的に施策し、「２年間で損害は解消される」といい、「避難指示を２０１７年３月に解除する」という。賠償を打ち切る方針だ。市町村の状況は一様ではない。自立を促進するためというが、こんな実態に合わない理不尽が許されるのだろうか。

国は２０１５年９月はじめに、楢葉町の全町民の避難指示を解消するという。町内で、修理、新築や、動物に荒らされた家屋内処理が必要な家は１０００戸あるといわれ、完了するまで住む家がないのである。

国・東電は、避難指示区域外では、原発事故との「相当な因果関係が認められる」とされた方の風評被害については支払うとし、７月末で終了した。これまで東電は多くの例で「相当な因果関係を認める」ことを拒んできている。風評被害賠償は、８月から中止した。福島市、郡山市などが該当し、数千ある事業所は営業実績が回復していないことから、倒産が増えるだろうと心配される。

いまも11万人が避難

４年５カ月を経たいま（２０１５年８月６日）も福島県ホームページによれば、11万人余が避難生活を行っている。より新しい2016年1月では（図表18）、避難指示区域を含む自治体から、県内に5万6338人、県外に4万3270人が避難生活を送っている。非避難指示区域からの自主避難者も約2万5000人いる。

突然、避難先やその状況などが不明なまま避難を告げられ、体育館からはじまって数カ所の避難先を転々して、今後の生活も不明なのである。これでは、少し先を含めて、将来の生活の見通しがつかない。絶望感をもってしまう。

避難生活自体も大変だ。東北でも今年の夏は暑い。私が住んでいる福島市は、避難対象地域ではないが、浪江町、飯舘村や双葉町などからの避難者の仮設住宅があり、連日36～39度である。その生活はどんなに苦痛だろうか。

自主避難者の苦悩

政府は避難指示区域以外からの自主避難者への住宅無償支援を打ち切る。必要費用は最大約81億円（毎日新聞）である。福島県は限定者に2年間のみ支援しその後打ち切る。

非避難指示区域からは、自主避難者と呼ばれ、原発事故がなければ避難をまったく考えなかったケースである。避難にあたっては、放射線量と評価についてはさまざまな見解

**図表 38　国による自主避難支援打ち切りと
福島県の２年後打ち切り前の短期対応策**

無償提供内容	期間	福島県の追加方針
仮設住宅や県内外の民間アパートなどの住宅の無償提供	原則２年、１年毎に延長 (2016 年度で終了)	
		最高額 2017 年度：３万円 2018 年度：２万円、以後打ち切り

福島県 HP、2015 年 12 月 25 日に福島県が追加を計画。所得の少ない人を対象なので、対象世帯は限られる。避難者の定義、集計法がなく、人数の正確性には疑問がもたれている点も留意。

や受け取り方、状況があったが、基本的には「子ども被災者支援法」に「居住・移動・帰還についての選択」、つまり福島で暮らすか、避難をするか、避難先から戻るかの選択について〝みずからの意思〟によって行えるよう、どの選択をした場合も適切な支援を行うとされている。実際、東電に自主避難者に対し、被害は、個別事情に応じて賠償すべきで、一律・定額枠組みを否定した判決が出た（毎日新聞、２０１６年2月19日）。

原発がまだ不安定な状態にあり、特に幼少児をもつ親たちの間には、限定除染（自宅周辺の山林を除染しない）や放射線不安をもち続け、子どもの学校・日常生活に不安等がある人たちも多くいる。いったん不安をもたせられてしまった上に、度重なる東電の情報発表が数年隠されていると、不安が消えにくい。

さらに、避難指示区域を解除後は、自分の市町村に帰還しないと自主避難者になる。国は、避難者ゼロ状態＝復興と考えているようだ。事故影響の内容・実態と合致しない。

国・東電・電力会社・規制委員会は事故の教訓に学んでほしい

福島原発事故の教訓と事故後の状況を、しっかりと見ることが必要である。

①原発事故原子炉の燃料の状態は4年半経っても不明で、あるべき真の原子炉事故対策が決まっていない。
②汚染水処理や核燃料廃棄物の処理問題解決の見通しがつかない。
③原発事故は、被災者を絶望させ、関連死や自殺死を多く生みだす。
④多数の避難民を発生させ、それが長く続く。
⑤町が壊れ、人びとの生活・生業が復興にたどり着かない。被災者の気持ち・生活の分断が起こる。
⑥甲状腺がんなど子どもの健康問題が長く続く。因果関係など決着がつくまで本人・家族の心配は大きい。
⑦政府・東電は途中で賠償の切り捨てをはじめる。町の経済活性化を狙って再稼働して

も、事故が起これば町が壊れ、政府・東電は最後まで責任を取らない。
⑧ほとぼりがさめたら原発を再稼働する。反省のなさが社会を不信・不安に陥れる。
⑨安全神話をつくった科学者も多くいたが、差別を受けながらも事実に基づいた科学者の提言、国民の心配などを、長年政権をになってきた自民党は無視してきた。津波対策を怠り、強引に稼働し続けた結果、原発過酷大事故に至った。事故後、国会事故調が「規制当局による安全の監視・監督機能は崩壊していた」と報告した。いまも、強引にことを進める姿勢を崩さない。

本来なら、東電福島第一原発事故のような過酷事故が起きたら、国内の原発すべてを止め、事故原因を究明すべきである。使用ずみ核燃料廃棄物処理をどうするのか、原発は人類が制御可能なのか、すでに7兆円を超える賠償費・廃炉費用などを使っているが、事故処理費用を含めて原発には経済性があるのか、使用ずみ核燃料はどう処理するのか、最終処分までの費用はどれくらいで、誰が負担するのか、などすべてを明確にすべきである。

百歩譲っても、原発事故が一応の収束をみるまでは、福島県民は原発の再稼働を認められないだろうし、「福島県民と同じことを味わってほしくない」といつも思っている。福

図表 39　福島における内閣不支持率は支持率より大きい

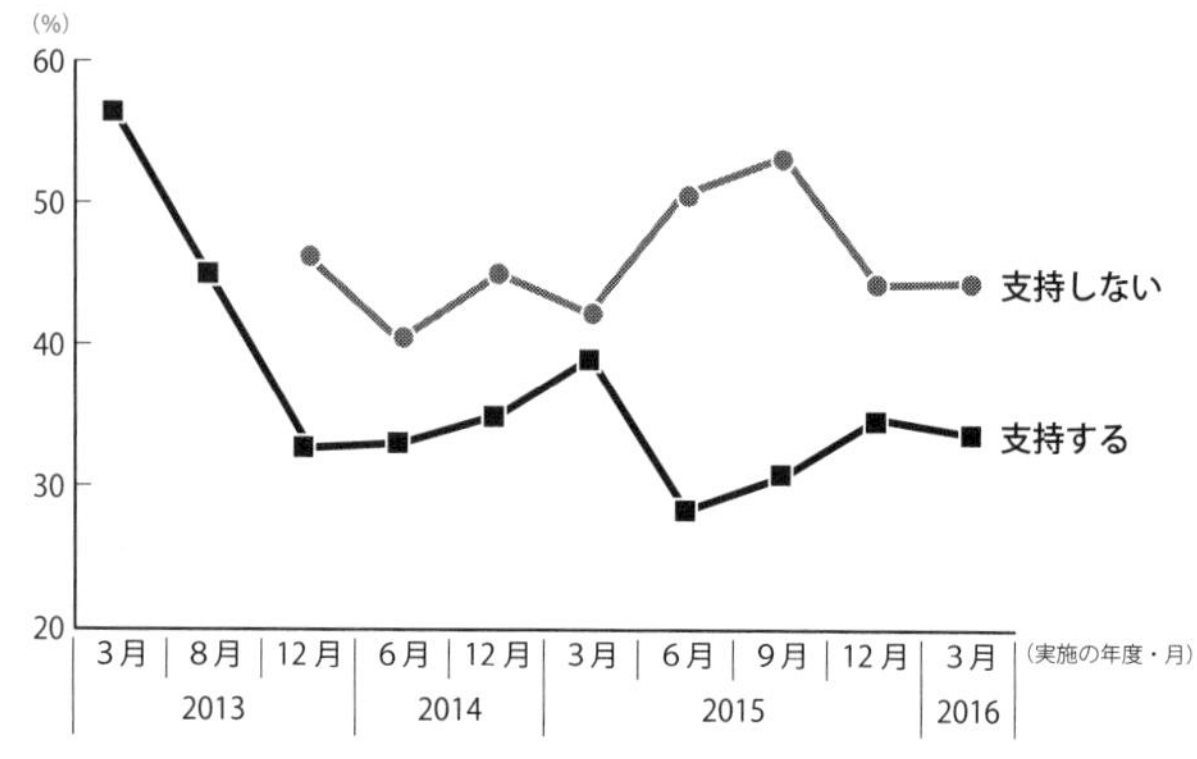

福島民報記事から合成。2014 年 12 月のみ福島民友（12 月 5 日）から。

島原発事故の教訓をくみ取らない川内原発再稼働を認める余地はない。その声がいっぱいだ。事故発生時、政府・東電からまったく連絡を受けなかった南相馬市桜井勝延市長は言う。「言語道断。福島を冒瀆するものだ」と。

2　福島県民の強い思いの表現（２０１６年４月）

福島県民は原発事故影響の現れに、打ちひしがれているだけでない。小・中・高校生から成人、壮年、老年に至るまで、自分にできる復旧への動きをさまざまな方法で盛んに表現し、それらは連日、地元の新聞・テレビ等で報道されている。住民の要望を交渉し、裁判に訴えることも多い。

福島民報社と福島テレビ共同実施の県民世論調査が継続的に実施されている。その都度の汚染水、自治体の役割などさまざまな点からアンケートがなされている。2016年3月の〝再稼働について〟は、賛成が約20パーセント、反対が約80パーセントである。復興政策総体への評価として、内閣支持率の発表も継続的に実施されている。

それによると、民主党の原発事故対応の不手際が指摘されるが、2012年安倍内閣成立後、急激に支持は減少し、「不支持」が「支持」より5~25パーセント大きい状態が、2年半以上続いている。福島県民は必ずしも弁舌さわやかではないようだが、原発に対する〝安倍内閣の政策の内容と本気度〟を見ているのだろうか。

3 再稼働を試みる電力会社は原発を制御できるのか
―大津地裁判決―（2016年4月）

今日は東日本大震災・福島原発事故が起こった日から5年目の2016年3月11日である。事故後5年がすぎて、課題や特徴がより明確になってきた。

①宮城・岩手・福島の津波・地震による被害の大きさが改めて判明し、同時に復旧の遅

れが目立ってきた。建物や防潮堤などの構造物がつくられても、肝心の人の生活の回復が進まない。復興の本来の目的に焦点を当て、課題遂行に継続した努力が必要である。

②福島原発事故は、⑴被害の現れ方や時期、⑵もとの状態に戻るための時間が長い、⑶被害が広範囲に及ぶ、⑷回復はきわめて困難、など、ほかの震災・事故とは異質である。いつ解決するのか不明という果てしない状況である。

③国が進める、避難解除と賠償打ち切りに関する報道が多くみられ、内容的には触れる程度・解析度に差があった。これまで取り上げられることが少なかったが、避難解除しても帰還者が少ないこと、帰還後の生活の大変さが知られてきたからだろうか。

本稿では、原発被害に苦しむ人に勇気を与えた「高浜原発稼働禁止判決」について紹介する。

原発事故後5年の意味

2016年3月8日TBSテレビ「NEWS23」では、樽川和也さん（40歳）の「どこが（原子力は）クリーンエネルギーなんだ」の声からはじまった。

この方の父親は、福島原発から西側へ60キロ離れた須賀川市のキャベツ農家で、事故後出荷停止のファックスを受け取った後、自宅の畑で自殺した。この地域は避難指示区域には指定されていない。

「3・11（あの日）から5年目だがどうですかと聞かれるけど、関係ない。ただ、毎日がすぎてきたんだ」という（第4章1節で紹介）。

東京の若い学生たちが樽川家を訪ね、その思いを母親にも聞く映画『大地を受け継ぐ』（井上淳一監督、2016年2月公開）がつくられた。5年目の前後だけ取り上げても現実の生活は解決しないということを、彼は「ただすぎてきたんだ」という言葉で語っている。

3・11には、多くの報道があり、地元紙は1カ月にわたり、現在の福島をまとめた記事を特集した。改めて原発事故の影響は多く、深く、広範囲にわたると思った。

また、福島では人びとのつながりが、避難指示、賠償、住む場所、避難の有無などで分断され、日常生活で原発事故について話しにくい面もある。そのような職場でも、爆発時の状況、逃げ惑ったことなど原発事故の影響についての会話がなされている。5年目を経過した3・11は、これまでの3・11とは違った状況・報道だった。

高浜原発再稼働禁止仮処分の判決

原発事故被害が回復しない中で、２０１６年3月9日に大津地方裁判所（山本善彦裁判長）は、滋賀県住民が求めていた「高浜原発３、４号機の運転差し止め」の仮処分申請を認め、関西電力に運転停止を命じた（図表40）。その判決概要と意義が報道されている。主としてこのような内容の判決になっている。

①**立証責任**：原発の付近住民が人格権に基づいて運転差し止めを求めることにおいて、立証責任は原子炉施設の安全性に関する資料を多くもつ電力会社である。

②**過酷事故対策**：福島事故の原発建屋内での原因究明の調査が進んでいない。津波が原因としてよいかも不明だ。この点を意に介さない関西電力の姿勢では、安全確保が非常に不安だ。福島事故の後でも事故時の外部電源でも費用対効果の経済的観点から重要度の位置づけが低くなっている。

③使用ずみ核燃料の施設の冷却設備の危険性について安全性に関わる重要な施設の安全性審査の対象となるべきものであるが、簡易な扱いとなっている。

④**耐震性について**：関電によって基準に応える十分な検討、調査がなされたわけではな

図表 40　高浜原発をめぐる動き

年		高浜原発 3 号機	高浜原発 4 号機
2011	7 月 21 日	定期検査で停止	
2012	2 月 20 日		定期検査で停止
2014	11 月 27 日	大津地裁が差し止め仮処分を却下 (裁判長山本善彦)	
2015	2 月 12 日	規制委員会、新規制基準審査に適合と評価	
	4 月 14 日	福井地裁が再稼働差し止め仮処分決定	
	12 月 24 日	福井地裁が再稼働差し止め仮処分決定を取り消し	
2016	1 月 29 日	再稼働	
	2 月 26 日		再稼働
	2 月 29 日		原子炉緊急停止
	3 月 9 日	大津地裁が差し止め仮処分を決定 (裁判長山本善彦)	

い。関西電力が用いる地震の標準的・平均的な姿を表す指標が、高浜原発敷地付近と同じではない。

⑤**津波対策**：1586年の天正地震があった記録がある。関西電力が、大津波が発生したとは考えられないとまで言い切るのは疑問だ。

⑥**避難計画**：福島原発事故では影響および範囲の圧倒的な広さと避難に大きな混乱があった。国家主導での具体的で可視的な避難計画が早急に策定されることが必要だ。関電は事故発生時には責任は誰が負うのか明瞭にすることが必要だ。

判決の意味

この判決は、ほかの原発再稼働の判断にも大きな意味をもつ。

①稼働中の原発の稼働禁止を命じたはじめての判決である。
②原子力規制委員会の基準審査に適合した原発の稼働を禁止した点で画期的であるとされる。経済産業省で、職員から、「まさかと思った」の驚きの声がきかれたが、多くは「規制基準が否定されたわけではない」と冷静に受け止めた。別の幹部は「同様の訴えは各地で起こされている。影響を与えないわけがない」という（福島民報、2016年3月9日）。
③差し止めを求めた住民は、原発立地の福井県民でない。半径70キロ圏内滋賀県で暮らし、現行法では稼働に関して同意を求めない仕組みになっている範囲の住民である。
④避難計画が十分になされることが必要である。今後、再稼働に際して考慮が必要となる。福島で5年経っても約10万人が避難し、非避難指示区域からも約2・5万人が避難し（毎日新聞、2016年3月11日）、生活・将来に苦しんでいることからすれば当然といえる。

なぜ判決内容が逆転したか

山本裁判長は2014年11月には、同じ高浜原発について、「原子力規制委員会がいたずらに早急に、再稼働を容認するとは考え難い。運転差し止めは必要ない」として住民の訴えを却下していた。

高浜原発3、4号機をめぐる2度にわたる住民からの「原発再稼働禁止仮処分申し立て事件」は、どちらも山本善彦裁判長である。なぜ逆の判決となったのだろうか。今回の判決文を読むと、何度も出てくる理由がある。「債務者（関西電力）が道筋や考え方を主張し、重要な事実に関する資料についてその基礎データを提供することは必要である」。

この立場から「関西電力において主張および疎明がなされるべきである」と随所で説明を迫っている。関西電力は、原子力規制委員会に出した資料を裁判所に出していないし、法廷でも説明しない。すなわち、関西電力が本気で、真摯に裁判に向き合っていなかったことを指弾する厳しい内容である。関西電力に住民および裁判を軽視する姿勢があったようだ。

山本裁判長が大津市の住民請求を一度却下していること、現政権が原発再稼働を進めていること、福井地裁での運転差し止め請求が認められた後、却下されたことなどから、関西電力は、裁判を軽視していたのではないかと思われる。あるいは、関西電力の体質ともいうべきだろうか。

裁判長はこの程度の資料準備・論理構成や法廷での主張では、原発運転の能力があるか疑わしいと考えたように思う。この懸念は、新規制基準に合格し、規制委員会による実際の運転のための検査に合格して再稼働を実施したにもかかわらず4号機は再稼働3日目直後に、汚染水漏れや原子炉自動停止などによって、実証されてしまった。

現政権が福島原発事故の徹底究明を行わず、原因が分からないまま、教訓をくみ出すことなく、再稼働、輸出を進め、「世界最高の基準をクリアした」としていることにも疑問を投げかけている。

さらに、「原子力規制委員会の判断において意見公募手続きが踏まれているといっても、このような備えで十分であるとの社会一般の合意が形成されたといってよいか、躊躇せざるを得ない」としている。

司法の姿勢に変化があるのか

住民側弁護団の井戸謙一団長は、北陸電力志賀原発2号機の運転停止を命じた判決を下した金沢地裁の裁判長だった。その裁判は、福島事故前の2006年で、上級審では逆転敗訴になった。

井戸弁護団長は、福井地裁の原発運転禁止を命じた樋口英明裁判長の転出（定年3年前の地方裁判所から家庭裁判所への移動）などを考慮したのだろうか、「大津地裁判決の内容も含めて裁判官に敬意と称賛をおくる」と報道がされた。

前述の福島民報（2016年3月10日）が、司法の姿勢に変化があったのではないかと紙面を大きく使って考察している。裁判官に「原発訴訟で〝安全〟のお墨つきを与え続け、結果的に未曾有の事故を防げなかったとの反省があり」、一部に「行政追随の判決を繰り返せば、司法の信頼が揺らぐとの危機感がにじむ」という。

2015年4月14日に、福井地裁が「再稼働差し止め仮処分決定」した。しかしその後、12月24日に同じ福井地裁が「再稼働差し止め仮処分決定の取り消し」を決定した。両者の違いに、「差し止め仮処分」では、原子力規制委員会新規制基準に基づいても、電力会社が事故防止のために全力を尽くしたか、その根拠とした資料、数値への疑問があり、平穏な生活を望む人格権が経済性を超えるという判断があった。

一方、「差し止め仮処分決定取り消し判決」では、福島事故を踏まえた新規制基準にのっとり事故防止をしているから十分安全性が保持されるので、再稼働を取り消す必要がないとするものだった。

新しい疑問として

今回の判決では、主に、原因究明が進まない中で新規制基準がつくられたこと、使用ずみ核燃料プールの重大性の位置づけが軽いこと（注：建屋爆発があり、4階にある4号機プールから使用ずみ核燃料が取り出されないことに福島県民の心配は非常に大きかった）、また、審査対象外となっている避難計画への疑問を挙げるなど、新規制基準そのものへの疑問を述べ、福井地裁の「再稼働差し止め仮処分決定」より踏み込んだ内容となっている。

これらは、事故後5年すぎての「福島のいつ解決できるかという果てしない実態」「国民の根気強い原発稼働への反対の意思表示の継続」などを反映していると思われる。実際、原発情報が少なくなり、3・11に関する報道の中にも「原発事故への関心は、東京や関西で薄くなり、やむを得ない」などがあったが、世論調査では、いつも再稼働反対が5～6割と多数である。

福島原発事故を頭に浮かべ、再稼働の動きへの懸念があるのだろう。

福島の人は、「福島だけの問題ではなく、自分たちの犠牲が原子力発電の行政の何らかに生かされる」ことを願っている。不幸な経験が生かされれば、そのことで心がわずかでも安らぐのではないかと思う。

「あなたは帰還するのか、帰還しないのか、どうするのか」と個々人に決断を迫るようなやり方は、福島の人を追いつめていく。

荒れ果てた家の改修や新築は、人材不足や価格の高騰でできない。実際に、住むためのインフラの整備が必要だ。買い物できる商店、医療施設、介護施設や食堂などが一定程度そろわないと生活はできない。この状況で、避難指示を解除し、賠償打ち切りをセットにしたら、多くの人の生活が困難に直面することは必至である。

福島の人びとは、棄民され、廃町・廃村・廃地域になりそうと感じながらも、故郷を思い、困難になった人とのつながりを回復しつつ、少しでも前に進みたいと願い、5回目の3・11を迎えた。

4 増えるプルトニウムをどうする──廃炉費用を試算した増殖炉「もんじゅ」に未来はない──（2016年10月）

「もんじゅ」の運営に赤信号

「もんじゅ」は、1967年以降文部科学省が所管し、日本原子力研究開発機構が運営する高速増殖炉で、福井県敦賀市にある。2015年11月13日原子力規制委員会は、日本原子力研究開発機構に「もんじゅ」の運転を任せるのは不適当だとして、日本原子力研究開発機構に代わる運営主体を明示するよう文部科学大臣に勧告した。半年以内という期限つきである。[1]

「もんじゅ」の存在とその歴史は、誰にも、日本の原子力行政の異常さ、展望のなさを感じさせる。「もんじゅ」は原子力発電をめぐる異常な現状を端的に示しているので、専門的でむずかしそうな点もあるが、基本的事柄、概要、問題点などを整理して、今後を考えたい。

図表41　実施・計画されている原子力発電の方法

	燃料	冷却材	中性子	当該原子炉
高速増殖炉	プルトニウム	ナトリウム	高速	もんじゅ
プルサーマル	プルトニウム＋ウラン（MOX）	水	低速	軽水炉（玄海・伊方・福島第一・高浜の各3号機）
軽水炉	ウラン	水	低速	軽水炉

核燃料サイクルと「もんじゅ」の役割

日本で実施・計画されている原子炉には高速増殖炉、プルサーマル、軽水炉などがあるが、発電の方法を原子炉ごとに示した。「もんじゅ」は、資源が少ない日本で、核燃料を使って発電すればするほど、プルトニウムがもとの量よりも増え、将来の燃料の心配がない「夢の発電」がうたい文句である。[2]

核燃料サイクルは、

①天然ウランなどを核燃料に仕上げ、
②原子炉で発電し、
③原子炉で生成した使用ずみ核燃料を再処理工場で、燃え残りウラン、新生成したプルトニウム、高レベル放射性廃棄物の3種に分離して取り出し、
④ウランやプルトニウムを再利用して新燃料を製造し、
⑤新燃料を用いて発電する。

図表42　核燃料サイクルの全体像

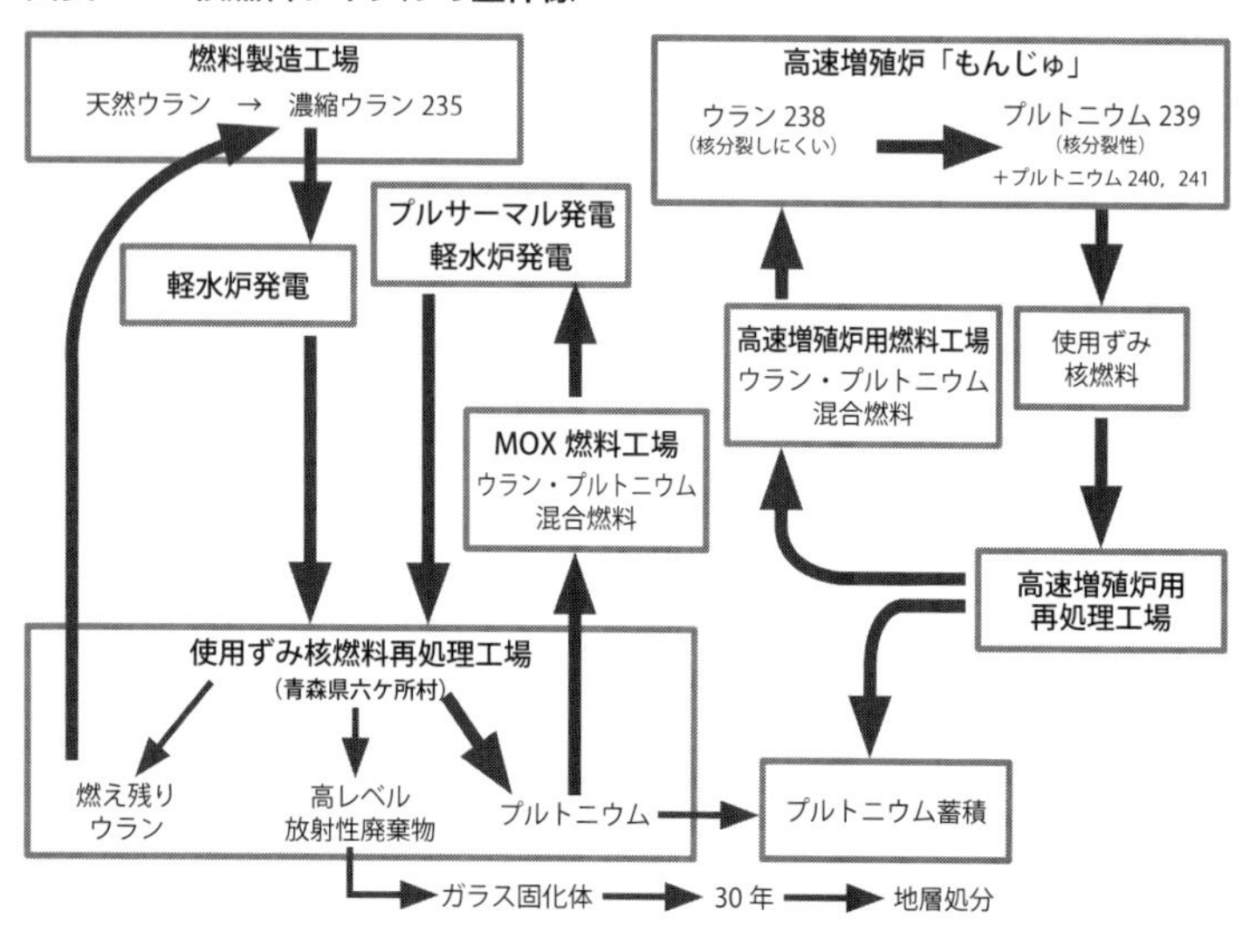

文献：1、2から作成

このプロセス全体を核燃料サイクルという[2)3)]。使用ずみ核燃料再処理工場（青森県六ケ所村）で解体し、上記3種に分離・取り出し、再利用・燃料に使うとしている（図表42）。

高速増殖炉の高速とは原子炉の中で照射する中性子が高速であることを意味し、増殖は消費ウラン以上のプルトニウムが生産される意味である。この点が他の発電ともっとも異なるシステムである。なお、高レベル放射性廃棄物はガラスと混ぜ固化体をつくり、地層処分するが、場所は未定である。

自然界に存在するウランの中で、核分裂性のウラン（235U）が占める割

図表43　ウラン235とウラン238の特性

	ウラン235	ウラン238	プルトニウム
核分裂	しやすい	しにくい	しやすい
自然界の存在割合	0.7%	99.3% 核分裂しやすいプルトニウムに効率よく変える	天然には存在しない。高速増殖炉でウランから生成し増量する
利用炉	原子力発電所（軽水炉）	高速増殖原型炉	高速増殖原型炉

合は0・7パーセントしかない。そこで、残りの99・3パーセントを占める非核分裂性のウラン（238U）をプルトニウム（239Pu）に換えて利用したい。原子炉内でプルトニウムの周りにウラン（238U）を置くと、プルトニウムからの高速中性子が非核分裂性のウラン（238U）を効率的・多量にプルトニウムに変換する。[2]原子力をエネルギー資源にしようとして「もんじゅ」は計画された。ウランとプルトニウムの関係を示した（図表43）。

原子力をエネルギー資源にしようとして高速増殖炉路線を進み、世界で一番はじめに原子力発電に成功したのは1951年12月、EBRIと呼ばれる高速炉である。ところが、高速中性子の速度が落ちないよう、また、炉内温度が高温になるので、水でなく1000度で液体になる金属ナトリウムを使う。暴走しやすく、危険性も高い。困難が多すぎ、フランス、アメリカ、イギリスなど核開発先進国はすべて撤退した。高速増殖炉を運転しようとしているのは日本だけである。[2]

原子炉実用化のため、1977年から「常陽」実験炉が運転をはじめたが、現在は事故で止まっている。続いて1994年に、「もんじゅ」を動かしはじめた。翌1995年に発電を含めた総合的な試験をした途端に、二次冷却系が破損し、冷却材のナトリウムが噴出して火災になった。

1キロワット時の発電すらしていない「もんじゅ」に、すでに1兆円を超える予算を使い、停止中の維持に年間約220億円がかかる。

核燃料サイクルの一端をになう使用ずみ核燃料再処理については、青森県六ケ所村再処理工場は、事業化のめどが立たず、22回目の計画延期をしている。また、核燃料廃棄物の中間処理場や最終処分場は未定である。後処理体制がない中で、使用ずみ核燃料を発生させ、増加させる原発再稼働を進める。この理屈を私は理解できない。

「もんじゅ」の歴史は事故の歴史

日本の「原子力開発長期計画」で、はじめて高速増殖炉の開発に言及したのは、1967年であり、1980年代前半に実用化される見通しだった。2005年に改訂された原子力政策大綱には、2050年に高速増殖炉を動かしたいと書かれているが、何ら

図表 44　もんじゅ事故の経過

年月	事故の歴史	備考
1967 年	動力炉・核燃料開発事業団、略して「動燃」が発足する。	原子力研究開発利用長期計画で高速増殖炉実用化目標を「1980 年代後半」と定める
1991 年	もんじゅ試運転開始	
1994 年	「臨界」達成（核分裂が連続）	
1995 年　4 月	発送電開始	
12 月	ナトリウム漏れ火災事故で停止	事故撮影現場のビデオ映像を一部カットし公表など情報改ざん
1997 年	茨城県東海村動燃施設で発生火災時虚偽報告	隠蔽（いんぺい）体質が批判
1998 年	核燃料サイクル機構が発足	動燃の機構改革による
2005 年	日本原子力研究機構が発足	「核燃料サイクル開発機構」と「日本原子力研所」が統合
	原子力政策大綱で実用化目標を「2050 年ごろ」とする。	当初から、70 年も先延した。これから 35 年後になる見通し
2010 年	運転再開　14 年 5 カ月ぶり	臨界状態を達成できるかを調べる試験だが、936 回警報がなり、32 この不具合が発見された
	燃料交換装置が原子炉に落下	
2012 年	機器の約 1 万件の点検漏れ発覚	機器全体の 2 割、改善されず
2013 年	事実上の運転禁止命令	
2014 年	政府がエネルギー基本計画閣議決定し、もんじゅの存続を容認した	「増殖」の文字と「目標時期の記載」を消した
2015 年	機器の需要度分類の間違い	
	21 年間稼働実績なし	
	原子力規制委員会が「運営主体の変更」を求める勧告を文科大臣へ提出	半年以内に代わりの運営組織を示せない場合、廃炉の可能性も示唆

毎日新聞 2015 年 11 月 14 日、文献 3 などから作成。

保証はない。

「もんじゅ」の発足から今日までをみると、問題点が一目瞭然で説明が不必要なほどである。名前の由来の〝文殊菩薩〟も迷惑だろう。

「もんじゅ」では、燃料のプルトニウムをナトリウムで冷却する。「もんじゅ」に使用されているナトリウムは１５７０トンである。停止中でも、細心の注意で保守しなければならない。1995年の事故では、大量のナトリウム（700キログラム）が漏れ、空気中酸素と反応が起こって大事故となった。それ以後運転できず、2010年、14年5カ月ぶりの運転再開もつかの間、燃料交換装置が原子炉中に落下し、以後運転されていない。

2014年に政府がエネルギー基本計画を閣議決定したが、「もんじゅ」の役割の「増殖」と「目標時期」が記載されていない。重要なことは、その基本的役割を、「核のゴミ減容化の研究拠点」に変えたことである。「もんじゅ」の放射線を長寿命放射性物質に当てて、寿命の短い放射性物質に変換する（寿命数万年を寿命数百年に？）という。2005年に目標設定した「2050年の実用化」の見通しがつかないためだろうか。

厄介ものを処理するプルサーマル

プルサーマルではプルトニウム（4〜9パーセント）とウランを混合したMOX燃料を使用する。早期に実現するとの前提で、日本は使用ずみ核燃料の再処理をイギリス・フランスに委託し、すでに核兵器数千発に転用可能な45トンものプルトニウムを分離して貯め込んでいる（毎日新聞、2015年12月6日）。

高速増殖炉が動かないので、プルトニウムを普通の原子力発電所の原子炉（軽水炉）で燃やすという「プルサーマル」計画が生まれた。ウラン燃料用につくられた軽水炉でMOX燃料を燃やすことの危険性、プルトニウムが入った燃料では、核分裂制御棒の働きが弱く、出力変化の制御をしにくく暴走の危険性があるとされる。また、MOX燃料の再処理過程における長寿命高レベル放射能廃棄物生成が問題となる。[3] その上、炉心全体にウランとプルトニウム燃焼を前提に設計された原子炉（フルMOX炉）が青森県大間原発で計画中だ。

もんじゅの実施機構変更勧告

「もんじゅ」を動かす組織は、1967年に「動力炉・核燃料開発事業団（動燃）」として発足した。1998年に2回目の組織改編があり、核燃料サイクル開発機構となった。そのまま組織は存続し、2005年の3回目の組織改編があった。「核燃料サイクル開発機構」と「日本原子力研究所」が統合され、現在の日本原子力研究開発機構となった。職員は約1700人である。

組織改編は事故や情報改ざんなどの不祥事のたびに実施された。いってみれば、日本の

図表45 「もんじゅ運転の基本的能力なし」と判定された主な事柄

項目	実態		備考
実用化目標年設定	1980年代、2030年代、2050年代に延期された。現在は目標設定なし		
これまでの使用額	今年3月末までに1兆1,703億円		
停止中維持費	年平均	約 223億円	ナトリウムが漏れないよう
	1日	約5,000万円	
規定違反	すでに9回目		中央制御室の空調関連弁など15の最重要機器が一度も点検されず
	1万点の機器が未点検で放置した違反		機器の重要度の分類に誤り
2013年「事実上の運転再開禁止命令」の後の対応	・監視カメラが故障したまま放置 ・配管を外観検査だけで済ませるなど		安全管理体制の問題
発電量	ゼロ		
原子炉が動いた期間	20年のうち8カ月間だけ		ほかは停止状態

NHK「時論公論」：延命は必要か高速増殖炉もんじゅ（2015年11月6日、水野倫之解説委員）や、毎日新聞（2015年12月6日）から作成。

行政組織の特徴である「目先を変える」である。そのため、今回の勧告をめぐっては、「看板掛け替え限界」がきたという表題の記事が多くあった（毎日新聞2015年11月11日）。

「もんじゅ」をやめるとどうなる

核燃料サイクルをやめるということ」である（福井大附属国際原子力工学研究所竹田敏一特任教授、福井新聞ONLINE、2015年11月19日）。もんじゅは2005年に改訂された原子力大綱の根幹となるものであり、核燃料サイクルの破たんを示すものだ。

図表 46　日本のプルトニウム保有量

	内容	保有量	可能用途
日本の保有量		47.8 トン	核兵器 6 千発に転用可
内　訳	英仏へ再処理委託	37 トン	1969 ～ 2001 年
	国内	10.8 トン	
使用計画：再処理後生成		5 トン／年	プルサーマル 16 ～ 18 基で消費可能

毎日新聞が紹介した（2015 年 12 月 6 日）から作成。

核燃料サイクルとの関係では、以下のような論点が予想される。

①日本は核燃料サイクルから撤退すべきと考えると、

(1)原発を減らすなら、核燃料は不要である。

(2)これまで1兆1703億円の巨額投資（毎日新聞、2015年12月2日）をしたが、トラブル続きで実用化できていない。

(3)1960年代から開始され、実用化目標が2050年と超長期であり、経済性、実現性、安全性がない。現在は実用化目標をなしとしたので、「もんじゅ」の目的は曖昧になった。

(4)消費見込みのないプルトニウムの保有量を増やすのは、核不拡散に逆行し、国際的流れに反する。

②核燃料サイクルを継続・推進する立場に立つと、

(1)核燃料のプルトニウムが増えるので、資源の乏しい日本を支える。

(2)プルトニウム保有という権利の保持は安全・外交保障で必要である。

(3)日米原子力協定の中で、非核保有国でありながら、唯一「再処理事業」が認められている。

(4)しかし、使用予定のないプルトニウムがたまり、国際的に問題とされ、2016年3月にごく一部アメリカに返済した。

(5)原発を稼働すると使用ずみ核燃料(プルトニウム)がたまる。現実には、「もんじゅ」は動いておらず、運営変更勧告を受けたが、対応の結果によっては、「もんじゅ」廃炉の可能性もある。

(6)ほかに対応可能組織はないといわれる。電気事業連合会八木誠会長は、「電力会社が引き受けるのは難しい」と述べた(時事通信、2015年11月20日)。

(7)青森県は最終処分場にされることを恐れ、六ケ所村に使用ずみ核燃料を再処理のためだけに運び込んでいる。もし、再処理の必要がなければ、現在の保管分を各原子力発電所に返還する約束だ。

(8)再稼働すれば、各原子力発電所の使用ずみ核燃料保存能力はすぐに満杯になり、行き場がない。全国の原発再稼働が困難となる。

福島と核燃料サイクル

東電福島第一原発3号機において、日本ではじめてウラン・プルトニウム混合燃料「MOX燃料」使用が提起された。「プルサーマル」は、「もんじゅ」が実用化困難で、プルトニウムを消費できないので、通常の軽水炉原子炉で消費を目論んだ。福島事故を起こした3号機は「MOX燃料」を使用していた。事故後のプルトニウム動態も気になるが、情報はない。

佐藤栄佐久氏は5期18年、自民党の福島県知事だった。佐藤知事は、それまで東京電力の原発事故情報隠しなどにあい、「核燃料サイクルは成り立たない」として、国の原子力政策に疑問を呈し、東電の「プルサーマル」導入に強力に反対した。

官製談合事件が突然発覚し、佐藤知事は辞任・逮捕に至り、収賄罪として「有罪判決」を受けた。高裁の判決文で収賄額は〝ゼロ円〟とされ、不可思議な事件であった。本人は「冤罪」としている。[4] 福島県は佐藤知事の辞任後に、「プルサーマル導入」を受け入れた。

佐藤氏は現在、福島県内原発全10基廃炉の会呼びかけ人のひとりである。著書も多い。私は政治家の伝記や書物を読むことはほとんどないが、手にしてみた。国、東電、原子力ムラの人びととのプルサーマル導入を巡るやりとり、脅しの仕方、ナトリウム事故後動燃職員の自殺を生みだしたことなど具体的に記述している。佐藤氏は新たな本の最初で、原子力ムラにいいなりの安倍政権の原発輸出に伴う「核拡散」内容を批判している。

「もんじゅに」に未来は話せない

原子力市民委員会は『脱原発社会構築のために必要な情報収集、分析および政策提言をする市民シンクタンク』として設立された組織である。「もんじゅ」について具体的提案をした[5]。

①核燃料を再処理してプルトニウムの取り出し・利用を一切行わない。
②六ケ所村再処理工場内貯蔵使用ずみ核燃料3000トンは直接処分の検討を開始する。
③六ケ所村再処理工場と東海再処理工場を廃止する。
④高速増殖炉実証計画は直ちに廃止し、もんじゅは性能試験段階で廃止する。

「もんじゅに」関しては、どこをみても、原子力発電を安全に使うという内容がないし、技術的にも、人材組織的にも何も見通しがついていない。その繰り返しの惨状を目にして、原子力規制委員会が半年の期限をつけ、運営主体の変更を文部科学大臣に勧告した。その場、その場を、実態がなくても強い言葉、甘い言葉で切り抜けられればよいという悪弊が顕著に表れていると判断されたのである。その感覚で再稼働を進める危険性の判断、原発関連会社の意向を受けた原発輸出等を、正常な市民感覚に戻さなければならない。プルトニウムの半減期は2万年である。政治家がよく使う「次世代につけを回さない」が決してできないのが原子力発電である。

「もんじゅ」は最終的に廃炉へ

政府は「もんじゅ廃炉」の方針を明らかにした。再稼働には約5800億円の投資が必要だからだ（共同通信2016年9月21日）。しかし、廃炉に30年間、約3000億円が必要という。それでも成否不明な高速増殖炉をフランスと共同開発するというが、開発費の半額約2800億円の負担を求められている（毎日新聞2016年10月22日）。

開始すると技術的にできないことが分かっても超高額費用であっても続け、本当に道が無くなってから廃止を考えるのは無駄である。市民の長期にわたる電気代増加や税金投入が大きく、負担が大きい。

〔参考文献〕

1）高速増殖原型炉もんじゅに関する文部科学大臣に対する勧告について（原規規発第1511131号）（2015年11月13日）
2）安斎育郎監修、市川章人・小野英喜、『フクシマから学ぶ原発・放射能』、かもがわ出版、2012
3）舘野淳、『シビアアクシデントの脅威』、東洋書店、2012、169～171
4）佐藤栄佐久、『日本劣化の正体』、ビジネス社、2015
5）原子力市民委員会、『市民がつくった脱原子力政策大綱』、宝島社、2014、75～85

5 甲状腺がん予防の安定ヨウ素剤服用は十分できるか（2015年10月）

大部分の自治体で安定ヨウ素剤は服用されなかった

放射線障害から身を守るには、できるだけ早く放射線から遠ざかるのが基本である。同時に、大気中放射性ヨウ素の体内への取り込みを抑え、甲状腺被ばくを低減させるため、安定ヨウ素剤を服用する。しかし、福島原発事故では、大部分の自治体で服用されなかった。国会事故調査委員会報告書中の「防護策として機能しなかった安定ヨウ素剤」で詳述されている[1]。

なぜ服用されなかったのか。政府・県からの服用指示が市町村・住民に届かなかったからである[2]。数少ないが、「住民の健康は町が守る」と服用したのは三春町である[1,3]。

さらに配布したが服用しなかった町、配布しなかった町、配布・服用を決定したが、すでに避難し、自治体が住民の所在を把握できないなどの例があった。このような複雑な状況を考慮できない施策は実効性がない。

安定ヨウ素剤服用可能状態構築は避難計画の一つで再稼働の必要条件

再稼働を認めるか否かにかかわらず、服用時間により効果の異なる安定ヨウ素剤を、タイミングよく服用することは大切である。放射性ヨウ素の甲状腺への沈着を防ぎ、甲状腺がん発生を減少させ得るからである。福島事故では、子どもを被ばくさせてしまい、子どもを守れなかったことや、安定ヨウ素剤を服用しなかったことから、毎日気が晴れずに過ごす若いお母さんがいる。今後も、廃炉作業中の事故や再地震によって原発からの放射性物質飛散の恐れがある。

最も大事なことは、被ばくを避け、被ばくの原因を除くことである。避難計画を作成することや安定ヨウ素剤服用は、やむを得ない策である。国や規制委員会が、避難計画を審査にもかけず、再稼働を進めている。原発事故は年中起こるわけでないから、住民は「起こることはないだろう」と希望的観測をしたくなる。一方で「起こるかもしれない」と心配し、一種の爆弾をもって生活することになる。

なぜ再稼働が必要かの論理も責任ある説明もない。経済性、つまり、お金の問題だろうか。このような姿勢が事故発生へ導く可能性がある。事故が起これば、影響の大きさ、広さから、さまざまな健康障害を防ぐことはできないという教訓を生かしていない。

安定ヨウ素剤配布は再稼働準備のためか

現在、安定ヨウ素剤事前配布が行われている。国の原子力規制委員会が策定したガイドライン[1]に依っている。九州電力川内原発（薩摩川内市）1号機が再稼働され、市民団体が「安定ヨウ素剤の事前配布は不十分」と鹿児島県に抗議したという（毎日新聞、2015年7

月28日）。

規制委員会が決めた「安定ヨウ素剤服用法」

改訂「原子力災害における安定ヨウ素剤服用ガイドライン」[1]では、安定ヨウ素剤の配布を原発5キロ圏内の住民（3歳以上）に行うものとし、骨子は次のとおりである。

①5キロ圏内の住民には、安定ヨウ素剤を事前配布する。そのため、住民説明会を開催し、禁忌者、アレルギーの有無などを知る。

②5キロ圏外は備蓄しておき、緊急時に配布する。

③3歳未満の小児用剤は生産されていないので、事前配布せず、事故発生時に避難所で薬剤師が製剤して配布する。

福島事故時の事象からみた問題点[2]

問題1は、最も必要な「3歳未満の年齢層が事前配布の対象外」となっていることである。原子力規制委員会は、そのような家族へ早期避難を勧めているが、避難の混乱時には対策がないに等しい。

問題2は、「3歳未満用の安定ヨウ素剤の避難所での製剤実施は可能か？」である。現在、3歳未満が服用できる用剤はない。乳幼児には、計量して調剤する必要があり、緊急時の対応が難しい。

安定ヨウ素剤を必要とする地域は事故で混乱している。土壌微生物の舞う避難所で、薬剤師が製剤をするには、場所の確保、機材搬入も含めて多くの困難がある。

問題3は、「5キロ圏外で住民に配布・服用できるか」である。

問題4は、「原子力規制委員会が服用の必要性を判断し、原子力災害対策本部または地方公共団体の指示に基づき服用」である。福島原発事故で、緊急時に指示が伝わらなかった経験を踏まえていない。

これらの課題は私の個人的な考えだけではなく、薬剤実務者が考えれば誰でも思うことで、現場から課題が挙げられている。[4]

〔**参考文献**〕

1）東京電力福島原子力発電所事故調査委員会（国会事故調）、『国会事故調　報告書』図書出版、2012年9月、413ページ、

2）遠藤きよ子、高橋真理子、功刀恵美子、野口和孝、佐藤政男：福島原子力発電所事故時の安定ヨウ素剤に関する薬剤師の経験と今後の課題：社会薬学会雑誌、33、43-50、2014
3）朝日新聞特別報道部、『プロメテウスの罠3　福島原発事故、新たなる真実』、学研プリッシング、2013、第4章吹流しの町、68-10
4）賀川義之、静岡県薬剤師会、「安定ヨウ素剤を扱う上での課題と服用の注意点」、静岡新聞、2014年6月21日

6 原発事故は予防できるのか（2016年4月）

2016年4月14日発生の熊本地震は震度1以上が1000回以上繰り返している。亡くなられた方のご冥福をお祈りし、負傷され、避難され、そして被災された方の今後の無事と健康、そして一刻も早い生活の復興を願う。

予想されていたこと

九州には横断する形で活断層が実に多く存在する。専門家はマグニチュード7級の地震があることを予測していた。今回は布田川・日奈久断層帯が活動した。

予期せずに起こったこと

しかし、専門家でも予測できなかったことも多くあるという。
①強い地震が何度も繰り返され、〝前震〟後に〝本震〟の場合があり、
②余震の回数がきわめて多く、気象庁もいつ、収まるのか見通せない、
③震源が北方や南西部に広がり、活断層はずれた形になっていて長短期的に注意が必要、
などがある（TBSニュース、2016年4月23日）。

住民の心配

住民は夜間の地震の際、家が崩壊すると逃げられないことを避けるため車の中で睡眠をとる人が多い。東日本大震災時に比べて、車中泊が非常に多い理由だ。動けないためエコノミー症候群の発症・死亡が起こっている。

さらに、地震範囲の広がりは、近接地域の住民に不安をもたらしている。稼働中の川内原発1、2号機への影響の恐れである（TBS、2016年4月23日）。薩摩川内市で飲食店を営む女性（71）は「運転は続けてほしいが、予測のつかない地震がこれだけ起こると心

配がないわけではない」と話す（佐賀新聞、２０１６年4月17日）。特に、地震が熊本から大分へ拡大した時点で原発事故の心配が大きくなったようだ。

対応が遅い原子力規制委員会

稼働中の川内原発周辺で強烈な地震が起こっているわけではないが、福島事故を経て発足した原子力規制委員会が原発周辺の地震の基本的情報を出さないことに驚いた。川内原発周辺では、震度４の地震があったという。報道も少ない。規制委員会の開催そのものが遅く悠長にも思える。複数の活断層が地震を惹起し拡大化していく中で、なかなか開かれなかった。自分たちは安全と思っていたのかもしれない。さすがに、原子力規制委員会田中俊一委員長は「情報発信が不十分との指摘があったので改善する」と言わざるを得なかった。

川内原発予防的停止の要望

原子力規制庁へ、熊本県益城町で震度7を記録した14日から18日に約４００件、多くは川内原発一時停止の意見が寄せられた（時事ドットコムニュース、２０１６年4月19日）。薩摩川内市の自営業川畑清明さん（59）は「気象庁がいままでの経験値から外れた地震だと警告しているのに、なぜ止めないのか」と憤った。

進行中の福島事故の教訓を必ず生かすには、原発では「想定外」だったという言い訳は絶対に許されない。原発稼働の是非にいろいろ意見があっても、この熊本地震は、気象庁も認める前例のない地震の起こり方、広がり方をみれば、川内原発は少なくても予防的に止めるべきとの声がある。

記者会見でも、質問が出され、田中委員長は「川内原発の技術的評価は十分。稼働していても安全」で、その理由として、川内原発の審査過程で今回の震源の布田川・日奈久断層帯の地震を含め、不確実性も踏まえて評価し、「川内原発で想定外事故が起きるとは判断していない」とした（NHK News Web、2016年4月18日）。

現在、復興に全力が注がれている。九州電力の総発電量は大きい。川内原発2機を停止すれば、発電量は減少するが、使用量（需要量）を十分上回っている。

自分のこととして考える

TV報道で、熊本市長は地震の可能性を当然知り、備えてもいた。足りなかったのは、

「自分のこととして考えていなかった」ことだと率直に言う。家屋や熊本城の破壊もあって衝撃も大きかったのだろう。地震や原発事故もいかに「自分のこととして考えるか」が身を守り、町を守ることになる。

現在は地方創生が叫ばれる。これまで地震がなかったので、企業誘致のため、自分のところは「安全地帯」で、「東北地方は危険地帯」だとアピールしていた自治体もあったが、熊本地震の後で削除したという。残念ながら、阪神・淡路大震災、新潟地震や東日本大震災などを、理解はしていただろうが、「自分たちにも起こりうること」として、十分捉えきれていなかったのだと思われる。

福島事故の教訓に「情報開示」がある。公式の事故・放射線情報が出されず、避難などに大混乱をもたらした。その点で、「原発については住民に不安をかき立てないよう公式発表で伝える」というＮＨＫ籾井勝人会長の発言（毎日新聞、２０１６年4月23日）は、住民に情報を何か隠していると疑念をもたせる。地震ではなく原発に限っているところは原発問題を複雑にする。

震災に予防的に備える上で必要なこと

日本は地震大国だと改めて思うし、日本人は活発化した地球環境の脅威の中で、自然災害を防ぐことに集中すべきである。

活断層は調べられたもので2000以上、さらに未知のところもあるという。活断層の隙間をぬって原子力発電所が設置され、発電所の真下或いはすぐ近くの断層が活断層か等の議論が続いているのは、危なっかしいように思う。

原発の考え方はいろいろあっても、現時点で低い確率だが万々が一起こる可能性を考え、一時的に原発稼働を停止し、事故の可能性をなくすのは予防的処置となる。ほかの事故と異なり、原発事故は起こると後戻りができず、超長期的になるからだ。

課題

電力会社は、熊本地震の現状をまだ大丈夫とみているようだ。いったん稼働を止めたら再稼働できないと恐れているのかもしれない。

明治大の勝田忠広准教授（原子力政策）は「地震の連鎖が原発に近づいた場合、事故を予防する観点から〝空振り〟覚悟で政治が停止する仕組みが必要だ」と提言。さらに「地震や火山など、新しい知見が得られた場合、迅速に規制基準や評価に取り込むことが規制委員会に求められている」と強調した（西日本新聞、2016年4月19日）。

原発事故〝予防〟の視点が必要だ。万が一原発事故が起こったら、新幹線脱線や道路不通などで避難路確保がむずかしい。早めの予防的原発停止を、政府、原子力規制委員会、または電力会社の誰が決めるか、どのような条件で稼働停止するかを明確にしておくことが必要と思われる。

7 〝みんなして〟力合わせ乗り越える（2016年11月）

原発事故機の廃炉を進める上で、「汚染水処理」の困難さが大きい。オリンピック誘致に際し、安倍晋三首相は「汚染水処理は完全にコントロールされている」と言明したが、現実は、東電、国、原子力規制委員会も「汚染水処理」の先が見えず苦しんでいる。何よりも、福島県民は「汚染水処理」に不安で、生活・生業の見通しが立たず、精神的ダメージが回復していない。発想を変えた打開策が必要である。

政府と東電との共同打ち切り案

第6次復興加速化提言が2016年8月24日に自民党・公明党から出され、閣議決定された。復興を加速させてオリンピックを迎えようと、22ページの第6次提言中に、オリンピックを目指す項が3カ所にわたり強調されている。

しかし、福島県の実態を反映しているかどうかである。事故後5年半を経過したが、避難者は福島県内へ4万6153人、福島県外へ4万8333人、合わせて8万6986人である。

5年8カ月を超えたいまも、多くの県民に苦難の生活を強いている。原発事故を起こしたことに対する反省の言葉はなく、お詫びの言葉も一切ない。

この提言は復興加速をするのが目的であり、反省やお詫びは別で、あるいはすでに述べているというのだろうか。

しかし、反省がないため、この提言は復興の〝技術〟であり、方法論でしかない。県民の生活実態や気持ちと合わないことになる。

オリンピックに加えて

政府が、オリンピック以上に重要としているのが、「原発再稼働」である。厚生労働省は、「原発審査で残業する場合は、労働基準法で定めた残業時間制限の大部分を適用しない」とする通達を出していた（福島民報2016年10月9日）。法律を無視してもよいのだろうか。

電力会社が原発再稼働に向けた原子力規制委員会の審査に対応するための業務を「公益上の必要により、集中的な作業が必要」と厚労省出先が判断したのである。専門家は「再稼働対応業務は営利目的で、公益性や緊急性があるとは言えない」と指摘している。

実際に関西電力の管理職が高浜原発の審査の対応に追われ、月残業200時間の中で過労自殺が判明したのは痛ましい（2016年10月20日）。40年を超えた関西電力高浜原発1、2号機（福井県高浜町）の運転延長のため書類作成や説明の出張だという。そのため、期限に間に合うよう申請を急がせたというのが、田中俊一原子力規制委員長の国会答弁だった。

第6次復興加速提言

第6次復興加速提言には主に2点が含まれる。第1に「帰還困難地域の避難指示解除を目指す」である。

5年をめどに帰還困難地域の指示を解除し、居住を可能とすることを目指し、「復興拠点」を各市町村に設定し、整備するとしている。避難指示解除には、除染をして放射線量を低下させなければならない。

しかし、5年半たっても、帰還困難地域の除染計画すらない。今回の第6次提言でも触れていない。

さすがに、福島民報論説（2016年8月26日）は、「提言は、〝…復興・再生に責任を持って取り組むとの決意を示す〟、〝…整備計画を見直すことができる〟とするにとどまった。これでは何も言っていないに等しい。あいまいな状況に置き続けることで住民の帰還を断念させようとしているのではとの疑念も湧く」と論評している。

「自民党の額賀福志郎復興加速化本部長は、帰還困難区域の除染費などへの国費投入について「これから政府と与党が本格的に議論する」と述べている（福島民報、2016年9

月27日)。つまり、具体的には決めず「帰還困難地域の避難指示を解除」だけが打ち出されている。

早期の営農再開へ向けた支援策の内容

第2の点については、2016年9月に東京電力ホールディングス株式会社が「農林業に係る今後の損害賠償について(案)」を出しているので、整理する。

(1)2017年1月から、損害と想定される額の2倍を一括して支払う。

(2)2年後以降は、農林業には固有の特性があることを踏まえ、個別に事情をお伺いさせていただく。そして、「本件事故」と相当因果関係がある損害には、適切にお支払いさせていただく。

営農はどうなっているか

農林水産省は農林水産統計を毎年とっている。当然、福島県を含んだ調査がされている項目もある。

福島の農業が困難な状況にあることは、農林水産省も認めざるをえない。

図表47　2010年と比べた2016年の水稲作付面積（%）

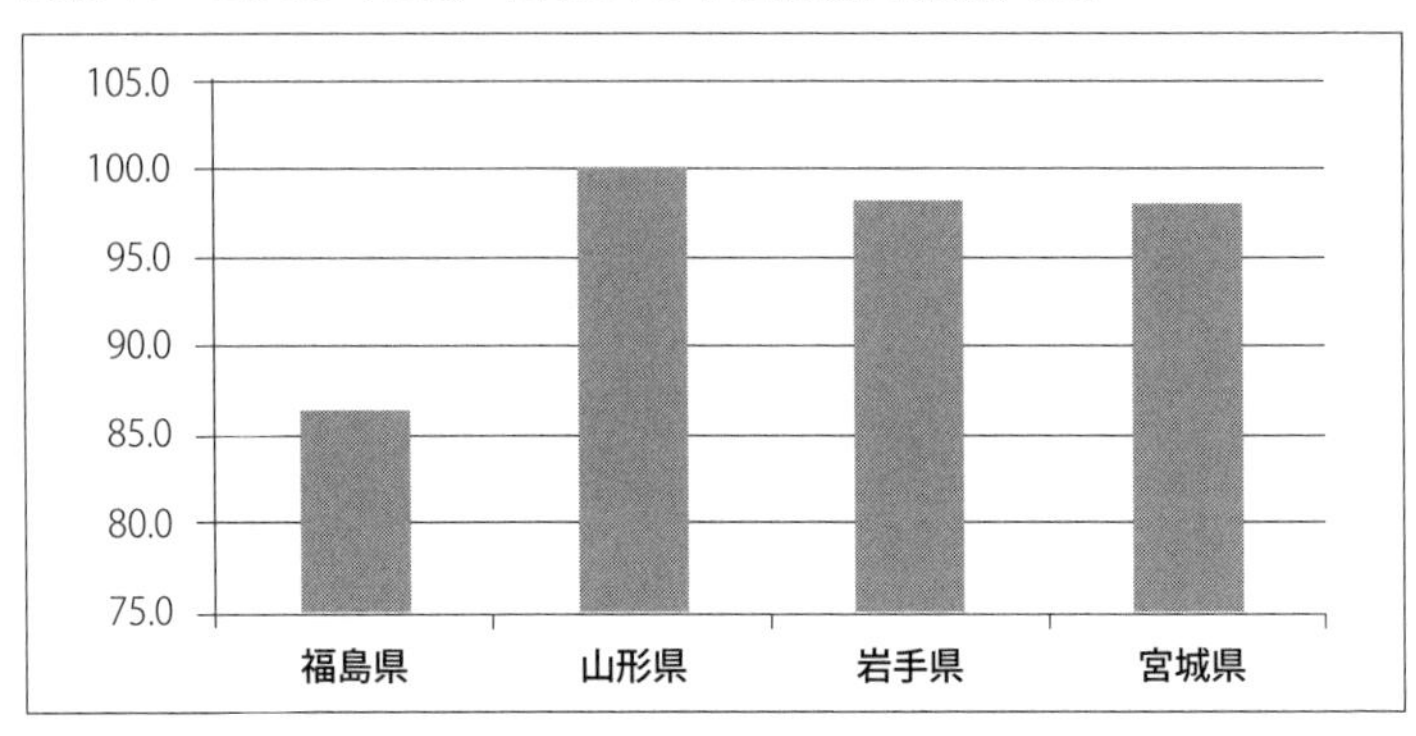

農林水産統計　2016年9月2日、東北農政局2010年9月3日から作成。

２０１６年９月２日公表「新規就農者調査」では、岩手・宮城と異なり、東日本大震災の影響として、「福島県は調査不能が続いている」とわざわざ記載している。

さらに、図表47に見るように、最新の２０１６年では福島県は水稲作付面積は震災前の２０１０年に比べて、割合が約86パーセントである。東北地方で見ると山形県は１００パーセントであり、震災の影響を受けたが98パーセントを超える岩手、宮城県に比べて低い[1]。

農家の人びとは、避難して米づくりができない。いったん、耕作放棄をせざるを得なかった田を再び耕すのは大変である。宮城県、岩手県と異なり、多くの田んぼは、除染後の放射線廃棄物袋（フレコンバッグ）の置き場になっており、営農はできない。その中での86パーセントの回復は、農民の復旧への思いの詰まっ

図表 48　再開された農地および農業経営、および復旧工事の程度

	農　地	農業経営体の再開状況	農地・農業施設の復旧工事
復旧進捗率	33.30%	60.90%	77.60%
集計年	2015 年 7 月	2016 年 3 月	2016 年 8 月

福島県：ふくしま復興のあゆみ　第 17 版、2016 から作成。

図表 49　原発事故前（2010 年）と比べた福島県産業算出額の変遷（%）
左：農業、右：林業

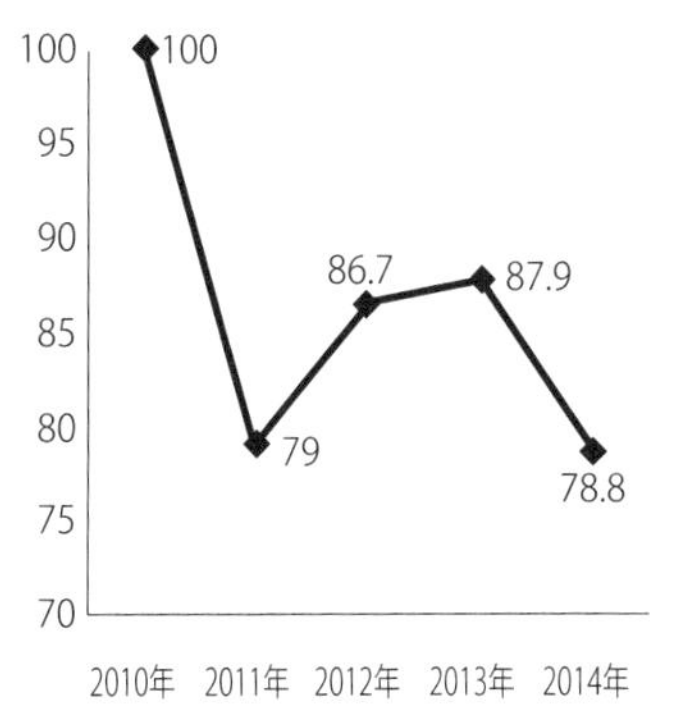

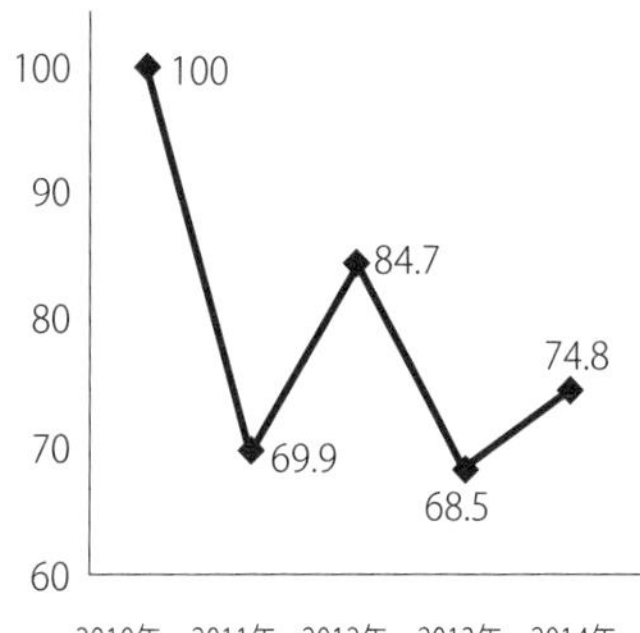

福島県：ふくしま復興のあゆみ　第 17 版、2016 から作成。

た数値である。

農業関係はどれだけ復旧したか

農地が再開された割合をみると、約33パーセントであり、農業者が経営を再開させたのは約61パーセントに過ぎないし、前提となる農地・農業施設の復旧工事が2016年8までに終了したのは約78パーセントにすぎない。[2]

営農・林業の回復結果

金額にしてどのくらい回復しているのだろうか。2010年の農業算出額が2330億円、林業算出額が

124・8億円で、それぞれ100とする。原発事故後の福島県の農業算出額（図表49左）は、原発事故前（2010年）に比べて、約78パーセントにすぎず、回復せず低迷している[2]。

林業（木材、薪炭や栽培きのこ類、なめこ栽培用木）算出額（図表49右）は、原発事故後回復していない。必要な除染を行っていないこともあり、回復を遅らせている。

営農再開へ向けた支援策の拡充になるのか

このような営農状態に対し、国と東電は、〝原発事故の農林被害の支援策の拡充〟のため、2倍の一律賠償を行い、2018年で打ち切るとしている。その後は、風評被害などにより事故と「相当因果関係」が認められる場合に限り、個別対応する（時事通信2016年9月21日）。

しかし、被害の算定基準は示されず、詳細については、東電は「まだ決まっていない」という。農林業関係者からは反発の声が出ている（福島民報2016年9月22日）。

また、賠償継続の条件を「事故と相当因果関係のある損害が2年分の一括賠償を超えた場合」としている。しかし、具体的にどのような損害が対象になるかあいまいなことや、

「超えた」ことを証明するのが難しいことから、賠償が確実に続くかは不透明だ。「事実上の打ち切り」と懸念されている（毎日新聞２０１６年9月22日）。

原発事故の賠償に詳しい大阪市立大の除本理史教授は、「東電は、商工業の賠償でも『相当因果関係がない』として賠償を打ち切ったケースがある。素案を『損害解消のための方法』としていることから、賠償を減らして区切りをつけたい考えが透けて見える」と指摘した（毎日新聞２０１６年9月22日）。

素朴な疑問

(1)県民の強い復旧への思いと努力がこの5年半続けられてきた。それでも、農林業の営農の復旧度は図表でみたとおりだ。今回の国・東電の提言は支援拡充になるのだろうか。

(2)２０１７年から2年という期間は何を根拠にしているのか。本来なら被害の継続の度合いによって期間も決められるのではないか。〝一律〟は実態に合わない。

(3)避難区域かどうかにかかわらず、損害額の査定、「福島原発事故」と相当因果関係があるかどうかを、事故を起こした東電が行うのでは、客観的な判断ができるのか。

(4)2年経って農林業に従事する人びとは生業としていけるのか。いけない場合どうするのか。後は自分で〝自立して〟やってくださいとなるのではないか。

営業損害賠償の場合

2014年12月26日に、商工業者に対して営業損害賠償打ち切り案が突如出された（第1章1節）。その後、申請や賠償交渉がなされているが、実際はどうだったのか。

2015年の第5次提言の閣議決定以降は、東京電力担当者が、申請者に対して高姿勢になったという。「損害と思われる額の2年分を一括して支払い」という内容になっているが、もとになる損害査定額が低いという。

「福島原発事故と相当因果関係があるか」の証明は事業者が行うことになっているため、東電はデータ不足を理由に認めないという。福島県には、除染や廃炉の作業などに多くの作業者が集まり、生活している。多くは新たにつくられたコンビニで弁当などを購入している。コンビニなどでの売上額は大きい。

しかし、商工業者の店は、そのような立地条件とは異なる従来からの店も多く、県外からの観光客を主対象とする場合もある。

東電の言い分は、「地域全体の業績は回復しているのに、個人業者のあなたの業績が回復していないのは、企業努力が足りない」といって、売り上げ減少と原発事故との因果関係を基本的に認めないケースもある。

醤油づくり業者に、原料として県外産の大豆使用の場合は風評（被害）がないか、また理容業者に、避難で客が減少したなら誰が来なくなったか氏名・住所を示しなさい、等々、「原発事故と因果関係の証明」をどのように事業者に要求しているかが分かる。

このような手法が、今回の農林業賠償にも取り入れられる可能性がある。

事故の責任はどこにあるのか、謝罪は必要ないのか

賠償でも福島原発裁判でも、東電は、原発事故の影響の解決を「すべてお金で解決する」という発想が非常に強いという。

裁判では東電代表者が露骨に言う。「あなたの子息の医師は、危険を感じなかったから避難をせず、（不安におののく住民に正確な放射線情報のため）福島市から委嘱を受け、放射線被ばくについて住民説明会の講師となっている。精神的賠償（追加分を含め）12万円を支払っている。なぜいまさら裁判を起こし、損害賠償を要求するのだ」という尋問である。

証言に立った婦人の夫から聞き取ったものである。避難を迷った上で、住民を不安と恐怖から守りたいという医師の思いを、東電を代表する方は認めない。事故影響の実態が理解できないようだ。

一方、心を痛めている東電社員もいるのだ。住民の願いは「金銭が問題ではなく、まず原発事故の責任を認めて欲しい」のだ。この点がかみ合わない。

損害が続く限り賠償継続が基本である

行政側からも懸念が出されている。内堀雅雄福島県知事は定例会見で政府と東電が示した2017年1月以降の農林業の損害賠償案に対し、「損害が続く限り賠償を継続するのが基本的な考え方」との認識を示した（福島民報 2016年9月27日）。

しかし、東電が談話に対しすんなり実行するとは限らない。これまでも福島県が東電を呼んで、さまざまな注文をつける場面もあった。

当面必要なのは、現場に携わる人びとが相談し、知恵を出して今後の方向性を決めていくことである。

公的に原発問題を考える場である福島県原子力損害対策協議会（会長内堀雅雄福島県知事）

の開催が望まれる。協議会は原子力損害の的確な賠償が迅速にされるよう各市町村や農林水産業、商工業、保健医療福祉関係等の206団体から県民各層をすべて含む組織で構成され、国や東電への要望、要求活動を行っている（福島県ホームページ）。実態を出し合い、対応策を相談するのが本筋である。

力をあわせ一日も早い復旧を

2020年オリンピックの時でも、帰還困難区域の指示は解除されていない。原発事故の影響解消にはとても時間がかかる。人間が待っていられない状況だ。オリンピックまでといわず一日も早く住民の生活・生業をもとに戻すことと、廃炉途中で、あるいは、原発稼働でおこる事故と放射線の心配をなくすのが住民の願いだ。

福島原発事故は、人の置かれた状況（場所、年齢、健康度や職業など）によってさまざまな異なる実害をもたらした。被害を受けたすべての人びとが平穏な日常生活を営めるようにさまざまな面から力を尽すことが、次の原発事故を防ぐ力となる。2016年に予想しなかった鹿児島や新潟での新しい知事誕生は、原発事故の影響を福島から知った結果だろうか。

福島県民は、起こってしまった大事故を受け止め、その影響を解消したいと懸命に努力している。前述のような、実態と合わない事が解決法として提起、実行され、住民にとってはより困難になっても、「原発事故がなかったら」「負けていられない」と奮い立っているようにみえる。

経済産業省は原発処理に年間数千億円が長期に必要といい（ＮＨＫ、２０１６年10月25日）、また総額約30兆円の試算（東京新聞、２０１６年10月20日）もあり、当然国民負担がある。本当に大変な見通し・状況だ。

現在、小中高生は仮設住宅に行き住民を励まし、文化・音楽・実情報告を県外・世界へ発信し、調査研究をしている。また、福島の住民は、原発事故特有の人と人との分断が起こっている中で、迷いながらも、言葉を慎重に選び、行動を通じて〝みんなして〟乗り越え、よい町づくり、生活・生業の正常化に懸命だ。ＮＰＯの復興プロジェクトも多い。それぞれの立場、状況に応じて復旧を目指している。国、東電や県に実態や要求を直接伝える会を設定し、やむにやまれず原子力損害賠償紛争解決センター（原発ＡＤＲセンター）や裁判に訴える場合もある。

汚染水を含め原発事故の影響を早く解消すること、健康な生活を守ること、原発事故の原因と責任を明らかにすること、そして、今後放射線の影響・原発の不安が無い時期が一刻も早く来るように願っている。

〔参考文献〕

1）『農林水産統計』２０１６年9月2日、東北農政局２０１０年9月3日
2）福島県『ふくしま復興のあゆみ　第17版』、２０１６

あとがき

この原稿を書く直前2016年4月14日に熊本地震が起き、現在も進行中である。気象庁もいつ終息するか見通しが立てられず、警戒を続けることを働きかけている。日本は地震を引き起こす活断層が本当に多いし、地震大国だと改めて思う。日本人は活発化した自然の脅威の中で生きていかなければならない。自然が起こす災害を防ぐことに集中すべきと思う。

いろいろな手立て・支援策で一日も早い復旧を望みたい。

直下型地震には、特徴がある。福島原発事故とは異なる面もあるが、生活については、福島の良い面、悪い面の経験を生かせばより早く立ち直れると思う。

原発事故が起きる可能性をゼロにしておくことは、国民に安心を与えるはずだ。

福島原発事故は住民の生活のあらゆること、そして市町村や県のありように影響を及ぼしている。広範で、内容が深すぎて、とても私の力では伝えきれない。私は行政、現場の作業や多彩な支援活動に直接関わっていないし、避難の方々のご苦労を100パーセント理解してはいないが、福島に住み普通に見聞きすること、福島の人が日々体験し、考えざるを得ないことを率直に伝えたいと思い、書きあげたのが本書である。

5年8カ月がすぎたいま、みなさんに知ってほしい事象がある。例を挙げると、

①放射線汚染のために住むことができない「人口ゼロ」の町ができ、福島県人口が戦後最低に減少し、「地元経済の発展のための原発」が「地域社会を壊す原発」となった。

②避難の有無にかかわらず、自殺される方が多く、また福島では原発関連死が増加を続けている。

③野田前首相が事故後8カ月で「事故収束宣言」を出し、安倍首相が「福島の復興なくして、日本の再生なし」と言った。現時点で条件が伴わない中、避難指示の解除を目指し、同時に賠償を打ち切って〝福島は復興した〟という形をつくろうとしている。何をもって「福島の住民にとっての復興」というのだろうか。雄弁な言葉と実態は異なる。福島はどんな状況にあるかを知っていただけたら幸いである。

原発は、つくる前、稼働中、そして事故後も人びとの気持ちや生活に切れ目、分断をも

ち込み、不安定な社会を生んでしまう。このことを福島の人びとは経験させられている。
5年8カ月経っても事故の影響は進行中なのである。再稼働を進行させれば、同様の事故が全国で起こる可能性が大きくなることを、福島の人びとは憂慮している。同じ苦しみを味わってほしくないからだ。
事故が起こったらどのような社会になるか、福島の現状を少しでも知っていただけたら、福島のためでもあり、みなさんのためにもなるように思える。

本書作成にあたり、お名前を略させていただきますが、多方面の方から情報、アドバイスや討議いただいたことに感謝いたします。福島原発事故の深さ、複雑さ、困難さや国の根幹に関わることを一層認識しました。その解決に力を尽くしたいと思います。

2016年12月

佐藤　政男

■著者プロフィール

佐藤政男（さとう・まさお）

福島県相馬市生まれ。

相馬高校卒、東北大学薬学研究科博士課程修了、薬学博士。福島県立医科大学公害医学研究室助教授（現：生体情報伝達研究所生体物質研究部門）、徳島文理大学薬学部教授および教育センター副センター長を経て、現在は福島市在住、メタルバイオサイエンス研究会会長。

組版　GALLAP
装幀　有限会社エム・サンロード
図版　Shima.

原発事故6年目
現地情報から読み解くふるさと福島

2017年2月5日　第1刷発行

著　者　　佐藤　政男
発行者　　山中　洋二
発　行　　合同フォレスト株式会社
郵便番号 101-0051
東京都千代田区神田神保町 1-44
電話 03（3291）5200　FAX 03（3294）3509
振替 00180-9-65422
ホームページ http://www.godo-shuppan.co.jp/forest
発　売　　合同出版株式会社
郵便番号 101-0051
東京都千代田区神田神保町 1-44
電話 03（3294）3506　FAX 03（3294）3509
印刷・製本　株式会社シナノ

■刊行図書リストを無料進呈いたします。
■落丁・乱丁の際はお取り換えいたします。

ISBN 978-4-7726-6077-8　NDC360　188×130